반물질의 세계

또 하나의 우주를 탐구

히로세 다치시게 지음
박익수 옮김

전파과학사

머리말

우리는 물질세계에 살고 있다. 나무, 물, 집, 자동차 등 여러 가지 물질에 둘러싸여 살고 있다. 우리가 서 있는 지구도 우리의 신체 그 자체도 어떤 종류의 물질로 이루어져 있음은 두말할 필요가 없다.

만일 여기에 물질의 세계라고 하는 전혀 다른 또 하나의 세계가 있다고 하면, 대부분의 사람들은 일소에 부칠지 모른다. 더욱이 반물질(反物質)의 세계가 있다고 하면, 좀 머리가 이상하게 된 것이 아닌가 하고 이상한 눈으로 볼지 모른다. 어떤 사람은 반물질의 세계라는 것을 사후(死後)의 세계와 같이, 추상적인 눈에 보이지 않는 불가사의한 세계라고 생각할지도 모른다.

우리들의 상식이나 직감적인 이해를 넘어서는 현대 물리학에서는 당연하다고 생각하는 경우가 얼마든지 있다. 반물질 역시 이러한 경우의 하나라 할 것이다.

이 책에서 설명하는 반물질이란 결코 추상적이며 비과학적인 개념은 아니다. 그것은 물질과 동일하게 과학적으로 이해할 수 있는 실체이다. 현대 물리학에서는 물질이 있으면 반물질도 있다고 생각하는 것은 매우 자연적인 발상인 것이다. 이때에 어떤 사람은 말할지 모른다.

'반물질이 그렇게 과학적으로 명확한 것이라면, 내 눈 앞에 가져다가 보여 달라. 오른손에 물질을, 왼손에 반물질을 얹어 놓고 두 개를 상세히 비교하고 싶다'라고. 참으로 당연한 의견이다. 자연 과학은 실증의 학문이다. 반물질이 관측할 수 없는 것이라고 하면 누구도 그 존재를 인정하지 않을 것이다.

그렇지만 이 책에서도 '반물질을 눈앞에 가지고 오라'고 하는 앞에서 말한 요구를 완전히 만족시킬 수는 없는 것이다. 그러나 이 요구에 대해서 전혀 할 수 없는가 하면 그렇지는 않다. 반물질을 만들고 있는 소재를 사진으로 찍어 보여줄 수 있는 것이다. 이 책에는 그러한 사진이 소개되어 있다. 반물질의 소재가 존재한다는 것은 거의 의심할 여지가 없는 사실로 인정되고 있다. 그 소재를 모으면 반물질이 이루어진다고 생각하는 것도 매우 논리적이며 과학적인 발상이라 할 수 있다. 목재나 못이 있으면, 그것을 사용하여 작은 집을 만들 수 있다는 것과 같은 이치다. 물론 그것에는 적당한 도구와 그것을 만드는 기술이 전제로 되어 있지만.

여기에는 또 다음과 같은 의문이 생긴다.

1. 반물질의 소재란 무엇인가?

2. 소재를 볼 수 있는데, 왜 반물질을 볼 수 없는가?

3. 반물질의 세계는 어디에 있는가?

이러한 의문을 한마디로 설명하기는 어렵다. 그것은 이 문제가 '물질의 궁극상(窮極像)'과 '우주의 기원'이라는 두 개와 커다란 문제와 관계되어 있기 때문이다. 이것이 바로 현대 물리학이 안고 있는 최첨단의 과제이다.

이에 대한 상세한 것은 아직 해명되어 있지 않은 부분이 많다. 대담하지만 아직 다듬어지지 않은 아이디어들도 있다. 때문에 이 책에서는 주류가 아닌 사고방식도 될 수 있는 한 소개하려고 했다. 장래에 이루어질 실험의 발전에 따라 현대의 반주류가 주류와 교체될 수도 있기 때문이다.

이 책은 극미의 세계와 대우주를 무대로 하여 필자가 관계하고 있는 실험 이야기를 통해 반물질을 고찰한 결과물이다. 전문가가 아닌 사람도 알기 쉽도록 설명하고자 했으나 매우 전문적인 내용도 설명되어 있다. 너무 세부에 구애되지 말고 전체의 흐름을 파악해 주기 바란다.

이 책에서 보인 소립자 반응의 거품 상자사진은 도쿄(東京)도립대학, 도쿄농공대학, 히로시마(廣島)대학, 쥬오(中央)대학의 고에너지 실험 그룹이 유럽 원자핵 협동기구에서 촬영한 것이다. 이 책에 채용한데 대하여 그룹 여러분들에게 감사드린다.

더욱이 이 책의 출판에 즈음하여 과학도서 출판부의 야나기다(柳田和哉) 씨께서 여러 가지로 도움을 주셨다. 여기에서 감사의 뜻을 표한다.

차례

1장
물질 소멸의 에너지

서기 2100년

하늘의 은하수가 사라져 간다. 해를 거듭할수록 별의 폭발이 증가하고 있다. 달 표면에 건설한 우주 물리학연구소의 한 연구실에서는 천 박사를 중심으로 한 연구 그룹이 최신 관측 자료를 앞에 놓고 열띤 토론을 펼치고 있다. 서기 2100년의 어느 날의 일이다.

우리가 살고 있는 지구는 태양계 중의 하나의 별이다. 수성, 금성, 화성, 목성 등 태양 주위를 회전하는 9개의 행성 중의 하나이다. 이 태양계는 더욱 큰 별의 집단, 즉 은하계(銀河系)에 포함되어 있다. 이 은하계에는 약 2000억 개의 별이 있다.

2100년의 현재에는 태양계의 거의 모든 행성에 관측선(觀測船)을 보낼 수 있게 되었다. 그 때문에 행성의 여러 가지 성질을 비교적 상세히 알게 되었다.

그러나 태양계에서 한 걸음 바깥으로 나오면 아직도 미지의 일이 많다. 어쨌든 은하계에는 2000억 개에 이르는 별이 존재한다. 어떤 것은 탄생한 지 얼마 안 되는 별인가 하면, 어떤 것은 사멸 직전의 별이기도 하다. 별의 탄생에서부터 사멸에 이르는 일생은 긴 여정이다. 그동안에 별은 조금도 쉬지 않고 변화하고 있는 것이다.

이들 별은 시시각각으로 변화하는 가운데서 신호를 발생한다. 여기 달 표면에 있는 연구소에서는 먼 은하계 저편에서부터 전파해 오는 전파(電波)나 우주선(宇宙線)을 검출하려 하고 있다. 이 정보를 근거로 하여 별의 기원이나 우주의 구조를 해명하려는 것이다.

그런데 우주 물리학연구소의 관측 결과는 은하계의 일각에서

우주 물리학연구소

강대한 에너지를 방출하면서 별이 사라져 가고 있는 것을 가리키고 있다. 별이 사멸할 때 왜 이렇게도 엄청난 양의 에너지를 방출하는 것일까? 이 원인을 캐는 것이 곧 천 박사의 연구 과제이다.

천 박사는 한 장의 데이터를 들여다보며 중얼거렸다.

'이런 막대한 에너지가 방출되는 원인은 물질과 반물질의 충돌 이외에는 생각할 수 없다. 은하계의 일각에 반물질의 세계가 있어서, 이것이 물질세계와 접촉하기 시작한 것이 아닐까?'

물질과 반물질의 접촉─만일 이것이 사실이라면, 지금까지 여기에 있었던 물질은 순간적으로 '소멸'되어 버린다. 여기서 말하는 '소멸'이란 물이 증발하거나, 한 장의 종이가 타서 없어지거나 하는 것과는 전혀 의미가 다르다. 물은 증발하여도 수증기로 변하여 공기 속에 떠 있다. 종이는 타더라도 재를 남기거나 이산화탄소를 방출한다. 즉 증발이나 연소에서는 물질 그 자체가 없어져 버리는 것이 아니다. 단순히 형태를 바꾸었을 뿐이다.

이에 대하여 물질과 반물질이 충돌했을 때는 진짜로 그 물질과 반물질이 소멸되어 버린다. 물질이나 반물질의 질량 자체가 소멸하는 것이다.

그러면 소멸한 질량은 어디로 가 버렸을까? 질량 대신에 무엇이 남은 것일까? 이에 대한 상세한 설명은 뒤에서 언급하겠지만, 한마디로 말해서 물질의 질량이 에너지로 바뀐 것이다. 물질이 고스란히 에너지의 덩어리로 되어 버린 것이다. 이 때문에 상상할 수 없는 막대한 에너지가 방출되는 것이다.

에너지의 덩어리는 빛이나 소립자로 되어서 사방으로 방출된다. 이제 물질로 이루어진 '별'과 반물질로 이루어진 '반성(反星)'이 접촉하였다고 하면, 별과 반성이 소멸되고, 그 방대한 질량이 모두 에너지의 덩어리로 변하여 버리는 것이다. 우주 물리학연구소에서는 이 별과 반성의 소멸로 발생된 빛과 소립자를 특수한 검출기(檢出器)로 잡은 것 같다. 천 박사는 뜨거운 커피를 마시면서 연구소의 창밖을 내다보았다. 어두운 달세계의 지평선 위에 지구가 얼굴을 내밀고 있다. 푸르고 하얀 무늬가 아름답다. 그 지구의 배후에는 무수한 별들이 아로새겨져 하얗게 흐르는 은하수의 양쪽에는 견우(牽牛)와 직녀(織女)도 빛나고 있다. 그런데 이렇게 조용하게만 보이는 우주의 일각에서, 과연 물질의 소멸이라는 폭발적인 변동이 일어나고 있는 것일까? 이 눈앞에 보이는 평화스러운 우주와 데이터가 가리키는 격동하는 우주 사이에는 너무나 커다란 거리가 있다.

이 대우주 속에 참으로 반물질의 세계가 존재하는 것일까?

직녀 부근의 은하수. 오른쪽 위의 밝은 별이 직녀(사진: 버나드)

먼 장래에 우주와 반우주의 충돌에 의하여, 우리가 살고 있는 물질 우주가 소멸되어 버리는 것일까? 그렇다면 소멸한 다음의 우주는 어떻게 되는 것일까?

반물질의 세계가 존재하느냐, 하지 않느냐고 하는 것은 지구를 포함한 우주의 존속에 중대한 관련이 있는 것이다.

소멸 에너지

물질로부터 에너지를 얻는 데는 여러 가지 방법이 있다. 제일 간단한 방법은 물체를 연소시켜 열에너지를 얻는 것이다. 예를 들어 여기에 숯이 있다고 하자. 그 주성분은 탄소이다. 이것을 연소하면 탄소는 공기 중의 산소와 화합하여 이산화탄소로 변한다.

1g의 탄소가 연소할 때는 7.8kcal의 열이 발생한다. 이 열을 사용하여 수증기를 만들고, 터빈을 돌려서 전기를 발생시킨다.

16

 우리는 '탄다'거나 '다 타버렸다'는 말로부터 처음에 있었던 것이 없어져 버리는 것을 상상한다. 그러나 앞의 예로서도 알 수 있듯이, 연소란 단순히 탄소와 산소가 결합한 것에 불과하다. 처음에 있었던 탄소는 없어진 것이 아니고 연소한 후에는 이산화탄소의 형태로 공기 중에 떠돌고 있다.

 물질과 반물질이 서로 만났을 때의 '물질의 소멸'이란 이와 같은 연소를 의미하는 것이 아니다. 숯이나 종이의 성분인 탄소가 이산화탄소로 모습을 바꾸는 것과는 근본적으로 다르다. 탄소 그 자체가 소멸되는 것이다.

 탄소의 소멸을 실현할 유일한 방법은 반물질과 결합시키는 것이다. 가령 반탄소(反炭素)와 탄소를 접촉시킨다. 그러면 탄소와 반탄소도 완전히 소멸되고, 거기에 강대한 에너지가 방출된다. 말하자면 탄소와 반탄소의 질량이 에너지로 전화(轉化)한 것이 된다.

 이같이 물질을 고스란히 에너지로 변환하는 것이 '물질과 반물질의 소멸'이다. 소멸에 의하여 물질로부터 에너지를 얻는 효율은 원리적으로 100%이며, 원자력이나 핵융합 등의 다른 어떠한 에너지원으로도 이 이상의 효율을 얻을 수는 없다.

 질량과 에너지의 동등성을 주장한 것은 아인슈타인이었다. 그는 특수상대성이론에서 이 사실을 정식화했다. 이 이론에 의하면 질량이 소멸하여 에너지로 바뀌는 것과 마찬가지로, 에너지로부터 물질이 만들어지는 것도 가능한 일이다.

 소멸 에너지가 얼마나 큰 것인지, 한 예를 들어 보기로 한다. 가령 석유를 연소하여 얻어지는 에너지는 1g당 겨우 1만 칼로리이다. 이것은 말하자면 화학 에너지인 것이다.

　장래의 에너지원이라고 말하는 원자력이나 핵융합 에너지는 어떠할까? 전자는 우라늄의 핵분열에 의하여, 후자는 수소 원자핵의 융합으로 헬륨을 만들 때 발생하는 막대한 에너지이다. 우라늄은 1g당 200억 칼로리, 핵융합에서는 그 몇 배의 에너지를 발생한다. 우리들의 지구에 끊임없이 빛을 내리쏟는 태양 내부에서는 이와 같은 핵융합 반응이 진행되고 있다.

　그런데 물질 1g의 소멸 에너지는 핵분열이나 핵융합의 에너지를 다시 수백 배나 웃도는 것이다.

　핵분열이나 핵융합에서도 전화(轉化)하여 에너지를 발생하는 것은 질량이다. 가령 핵분열이 일어나기 전의 우라늄의 질량은 분열 후의 핵 파편의 질량보다 1,000분의 1 정도가 무겁다. 즉 핵분열에서는 1,000분의 1의 질량이 에너지로서 방출된다. 그런데 소멸 반응에서는 질량이 고스란히 에너지로 전화하여 버린다. 어떠한 경우에도 소멸 반응 이상의 효율로 에너지를 생성할 수는 없는 것이다.

　물 1g의 온도를 1도 상승시키는 데에 필요한 열량은 1cal이다. 컵 한 잔의 물은 약 200g이므로, 석유 1g의 연소로는 컵 한 잔의 물의 온도는 50도 정도를 상승시키는 데 불과하다. 이것에 대하여 1g의 물질의 소멸은 10만 톤의 얼음을 끓게 할 수 있다. 즉 1g의 물질의 소멸이 대형 탱커 정도의 얼음을 증기로 바꾸어 버리는 것이다. 소멸 에너지에 비하면 우리가 지상에서 얻고 있는 연소 에너지 따위는 참으로 미미한 것이다.

　현재 인류가 1년 동안에 소비하는 총에너지는 석유로 환산하여 100억 톤 정도이다. 이런 추세로 석유나 석탄을 소비한다면, 그것은 수십 년 내지 수백 년이면 고갈되어 버린다고 한다.

이것을 물질의 소멸 에너지로 충당한다고 하면, 약 1톤의 물질이 있으면 충분하다. 소형 트럭 1대분의 물질이 1년간의 에너지를 보증하게 되는 것이다. 인류가 만일 소멸 에너지를 이용하는 방법을 발견하게 되면, 반영구적으로 에너지원을 확보할 수 있게 되는 것이다.

우주 물리학 연구소

이 연구소는 '구름의 바다'에 가까운 평지에 건설되어 있다. 달은 언제나 같은 쪽을 지구에 보이면서 회전하고 있는데 이것이 즉 달의 표면이다. '구름의 바다'는 달 표면의 중심 가까이에 있으며, 전에 아폴로 우주선도 이 근처에 착륙한 적이 있다.

연구소의 오른쪽으로 수백 킬로미터를 가면 크레이터의 밀집지대에 들어선다. 크레이터에는 수천 킬로미터나 되는 큰 것에서부터 지름 1㎞ 정도의 것까지 여러 가지 크기의 것이 있다.

크레이터가 만들어진 원인을 캐기 위하여 '알타이산맥' 가까이에도 우주 물리학 연구소의 기지가 만들어져 있다.

우주에 대한 연구를 추진하는 데는 우주선(宇宙線)이 매우 중요하다. 물질을 구성하는 미소한 요소는 소립자라든가 원자핵이라고 불리는데, 우주선은 이들 소립자나 원자핵의 흐름이다. 별이 탄생할 때나 사멸할 때, 별의 시시각각의 상태에 따라서 그 내부로부터 여러 가지 입자가 방출되는 것이다.

지구 위에서는 이미 100종류 이상의 원자핵과 소립자가 발견되어 있다. 우주로부터 쏟아져 내리는 여러 가지 입자를 식별하고, 그 속도나 에너지를 결정하려면 거대하고도 정밀한 측정기를 필요하다. 다행히도 달세계에는 지구와 같은 대기가 없

월면의 크레이터

다. 우주선이 대기 속으로 돌입하면 에너지가 약한 것은 대기와의 충돌로 소멸되어 버린다. 달세계에서는 이러한 걱정이 없다. 따라서 우주로부터 오는 우주선을 본래의 형태대로 관측할 수 있다. 이렇게 하여 손에 넣은 원자핵이나 소립자를 앞으로부터, 옆으로부터, 또 비스듬히, 여러 가지 방향에서 주의 깊게 관찰한다.

연구소는 지하 5층, 지상 부분은 돔으로 되어 있다. 건물의 내부는 1기압으로 유지하고, 공기를 충만시키기 위하여 창이나 벽은 모두 이중 구조로 되어 있다. 만일 돌발 사고가 발생할 때라도 공기의 누출이나 압력의 저하를 방지할 수 있게 만반의 조치와 대책이 마련되어 있다.

달 표면이 진공이거나 중력이 지상에 비하여 6분의 1이라는 것은 실험 장치를 만드는 데에 편리하다. 대중량의 장치를 쌓아 올리는 데도 지구의 6분의 1의 크레인으로 족하다. 몇 미터의 장치 위로 올라가는데도 조금만 힘을 주어 뛰어오르면 된다. 다만 몸의 균형을 잘 잡지 않으면 굴러 떨어지는 수가 있다.

대형의 실험 장치에는 천체 망원경이나 전파 망원경 외에 감마선, 뉴트리노 검출기, 원자핵 분석 장치 등이 있다. 이것들은 모두 컴퓨터로 조정되어 있다. 장치의 고장을 발견하거나 수리하는 것은 전자두뇌를 가진 로봇이 담당한다.

폭발하는 우주

천 박사 앞에 한 장의 데이터가 제시되었다. 박 연구원이 설명하고 있다.

"이것이 과거 1년간에 감마선 검출기로 관측한 모든 자료입니다. 지구 위에서는 대기에 흡수되어 검출할 수 없었던 낮은 에너지의 감마선도 명백히 보이고. 있습니다."

"과연 그렇군. 지구의 대기라는 것이 얼마나 두꺼운 벽을 만들어 우주선의 검출을 방해하고 있었는가를 잘 알 수 있군. 그런데 감마선 스펙트럼의 피크란 이것을 말하는 건가? 아주 뚜렷하게 나타나 있군. 이것이 물질과 반물질의 소멸로 발생한 감마선일지도 모르겠군."

"이 감마선이 퀘이사 3C273의 방향에서 날아왔다는 것도 확인하였습니다."

"음, 최근에 뉴트리노 검출기에서도 이상하게 많은 반뉴트리노(反中性微子)가 검출되고 있어. 목성이나 토성의 관측선으로부터도 같은 결과가 오고 있단 말이야."

"박사님, 이것은 반물질과 물질의 충돌을 뜻하는 것이라고 생각해도 좋겠습니까?"

"그럴 가능성이 강하다고 생각해. 그러나 만일 그것이 사실이라면,

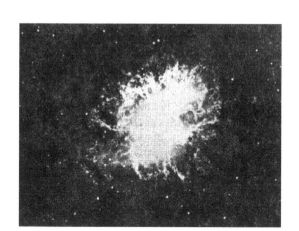

게성운(사진: 해일 천문대)

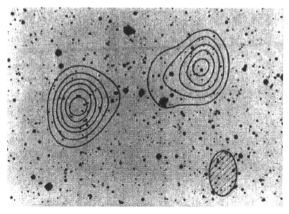

백조자리 A와 전파원의 등고선

지금까지의 우주관이나 물질관에 중대한 변경을 요구하게 될 거야."

100억 년 전, 우주대폭발이 일어났다고 한다. 대폭발에서는 물질과 반물질이 동등하게 만들어졌을까? 그렇다면 왜 양자는 소멸하지 않고 갈라져서, 따로따로 물질 우주와 반물질 우주를

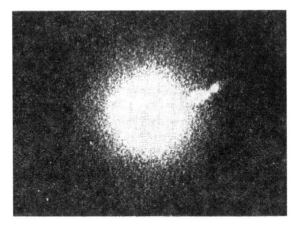

M(메시에) 87(사진: 리크 천문대)

만들게 되었을까?

"2000억 개의 별을 내포한 은하계 속에는 강력한 에너지를 방출하고 있는 별이 있지. '게성운'은 초신성(超新星)의 폭발로 생긴 것인데, 매우 강한 전파와 X선이 관측되고 있어."

이렇게 말하고 천 박사는 게성운의 방향을 가리켰다. 박 연구원은 해석실(解析室)의 한쪽 구석에 있는 TV 모니터의 콘솔(Console)로부터 게성운의 천체 사진을 호출하였다. 10m 천체망원경으로 촬영한 게성운의 소용돌이 구조가 뚜렷이 나타났다. 이 성운은 초신성의 잔해이며 지금도 태양의 1,000배나 되는 에너지를 방출하고 있다. 이 성운의 중심에는 초고밀도의 중성자별(中性子星)도 보인다.

폭발적인 에너지 방출의 예는 은하계 외에도 많다. 백조자리 A는 충돌하고 있는 한 쌍의 은하계라고 생각되고 있다. 이 천체는 적어도 2억 7000만 광년이나 먼 곳에 있는데도, 유별나게 강한 전파 신호를 내고 있다. 이것을 물질 은하계와 반물질 은하계의 충돌이라고 생각할 수는 없을까?

또 M(메시에) 87은 보통 모양을 한 은하계인데 커다란 분류 (분출한 에너지의 흐름)가 보인다. 이 분류로부터 방출되는 빛과 전파는 매우 강력하다. 천체 물리학자들은 이것을 어떻게 설명하여야 할지 매우 난감했다. 만일 이 강대한 에너지를 물질 은하계와 반물질 은하계의 소멸에 의하여 생성된 것이라고 가정하면 어떨까? 즉 분류에서는 물질과 반물질의 소멸 반응이 일어나고 있는 것이라고 가정해 보는 것이다.

물질과 반물질을 구분하는 기준

지금까지는 아무 정의도 없이 '반물질'이라는 말을 사용하여 왔다. 반우주, 반은하계, 반성(反星)은 그것들이 반물질로 이루어져 있다는 것을 의미하고 있다. 따라서 이들 반물질의 세계를 이해하기 위해서는 우선 반물질 그 자체가 무엇인가 하는 것을 알 필요가 있다.

반물질이라는 표현은 오해하기 쉬운 말이다. 물질의 반대라는 것은 도대체 무엇일까? 상식으로 생각해도 당장에는 그런 이미지가 떠오르지 않는다, 어떤 사람은 우리가 살고 있는 물질세계와는 전혀 다른, 천국이나 지옥과 같은 세계를 상상할지 모른다. 그러나 반물질이라는 것은 그와 같이 기묘한 것도 아닐뿐더러 비과학적인 것도 아니다. 반물질을 정확하게 과학적으로, 애매하게 생각되지 않게 하는 방법으로써 정의할 수 있다.

뒤에서 밝혀지게 되겠지만, 오히려 반물질이라는 것은 매우 물질적인 것으로 생각하여 두는 편이 낫다. 만일 반물질의 세계가 있다고 하면, 거기에는 반물질의 집이나 나무, 산, 강도 있게 될 것이다. 반물질로 된 나무는 역시 푸르고 산도 강도 우리의 물질세계와 다를 바가 없다. 반물질의 질량은 물질과 마찬가지로 플러스로 표시할 수 있다.

어떤 말의 반대나 부정의 뜻을 나타내는 데에 '반(反)'이라든가 '비(非)'라든가 하는 접두어를 붙인다. 반체제, 비상식이라는 말이 바로 그것이다. 물체의 상태를 나타낼 경우에는 접두어를 사용하지 않고 직접 반대어를 사용한다. 가령 높다-낮다, 길다-짧다, 빠르다-느리다 등이다. 이와 같은 말을 사용할 때 우리의 머릿속에는 암묵리에 어떤 기준이 설정되어 있다.

어떤 사람이 이 산이 높다고 말할 때, 그 사람은 자기 나름의 높이의 기준을 갖고 있어서 그 기준과 산의 높이를 비교하고 있는 것이다. 이 척도는 모든 사람에게서 공통은 아니다. 어떤 사람이 '한라산은 높다'라고 말했을 때, 다른 사람은 '아니, 한라산은 낮다'하고 말할지도 모른다. 처음 사람은 북한산 정도의 높이를, 다음 사람은 히말라야의 6,000m의 산을 기준으로 생각하고 있었다면 두 사람의 주장은 다 옳다. 요컨대 '높다', '낮다'를 결정하는 기준점의 존재가 중요하며, 그 기준점이 '높다'는 감각과 '낮다'는 감각을 구별하고 있는 것이다.

가령 어떤 사람이 0도 이상의 온도를 덥다고 생각하고, 0도 이하의 온도를 춥다고 느꼈다고 하자. 어떤 방에 +30도의 더운 바람과 -30도의 찬바람이 같은 양으로 보내지면, 방 온도는 0도가 되어 그 사람은 덥게도 춥게도 느끼지 않는다. 더운 바람과 찬바람이 상쇄하여 덥지도 춥지도 않은 상태를 만드는 것이다.

그렇다면 물질과 반물질을 판정하는 기준은 무엇일까? 바로 플러스의 온도와 마이너스의 온도를 구별했듯이, 물질과 반물질을 구별할 수 있는 것일까? 이때 플러스도 마이너스도 아닌 기준점, 즉 0도에 대응하는 것은 과연 무엇일까?

불가사의한 상자

반물질과의 대비를 선명하게 하기 위하여 우리를 둘러싸고 있는 자연계의 물질을 '상물질(常物質)'이라고 부르기로 하자.

등량의 상물질과 반물질을 혼합하면 양자가 소멸하여 아무것도 없는 상태—진공 상태—가 남는다. 이것은 앞에서 말한 더운 바람과 찬바람의 혼합에 의하여 0도의 상태가 나타나는 것과 사정이 비슷하다. 혼합하는 상물질이 반물질보다 많으면, 반물질의 양에 해당하는 몫의 상물질이 소멸하고, 뒤에는 소멸을 면한 상물질이 남게 된다. 이 점도 온도의 경우와 비슷하다. 물론 온도의 경우는 0도를 취하는 방법은 임의이고, 0도의 위아래에서는 본질적인 차이가 없다.

상물질과 반물질을 구별하는 기준을 '진공'이라 부른다. 온도의 기준점 0도에 해당하는 것이, 즉 '진공'이다. 그러나 온도의 기준점 0도와는 달라서 '진공'이란 그 속에 상물질도 반물질도 존재하지 않는 상태이다.

완전한 진공 상태란 물론 실현할 수 있는 것이 아니다. 완전한 진공이 되려면 분자나 원자가 하나라도 있어서는 안 되는 것이다. 아무리 성능이 좋은 진공 펌프를 사용하더라도, 용기 속을 완전한 진공으로 할 수는 없다. 확실히 기술의 진보와 더불어 해마다 높은 진공도가 만들어지고 있으며, 지금에는 이온

펌프를 사용하여 1조 분의 1기압 이하의 진공도 실현이 가능하지만, 아직 완전한 진공을 달성하지 못하고 있다. 그러나 여기서 문제로 삼고 있는 '진공'이란 그것의 실현 가능 여부는 별문제로 하고, 이상적이고 완전한 진공 상태를 말하는 것이다.

지금 여기에 상물질도 반물질도 없는 이상적인 진공 상자가 있다고 하자. 이 속에 등량의 물질과 반물질을 넣는다. 양자가 접촉하면 소멸 과정이 진행되어 용기 속은 다시 진공으로 변한다. 이때 진공 상자 속에는 상물질이나 반물질은 존재하지 않지만, 대신 에너지가 충만된다. 상물질과 반물질이 에너지로 전화하였기 때문이다.

이 에너지가 충만된 진공 상자는 불가사의한 성질을 갖고 있다. 이 진공 상자 속으로부터 등량의 상물질과 반물질을 끌어낼 수 있는 것이다. 상물질과 반물질이 소멸하여 진공으로 되는 것과는 정반대의 과정이 진공으로부터의 상물질과 반물질의 생성이다. 즉 이 경우는 에너지를 소비하여 질량이 만들어진 것이다.

그러면 온도의 기준점 0도가 '진공'에 대응한다는 것은 이상과 같지만, 다음에 '온도'에 해당하는 물질과 반물질을 측정하는 척도는 무엇일까?

그래서 지금 상물질의 양에 비례하는 어떤 양을 생각해 보자. 가령 이것을 '물질도(物質度)'라고 부르기로 한다. 그러면 물질도가 클수록 상물질의 양이 많고, 물질도가 제로로 되었을 때가 '진공'상태라고 하게 된다. 반물질에 대하여는 마이너스의 '물질도'를 부여한다. 반물질의 양이 많을수록 물질도는 마이너스 쪽으로 크게 된다.

등량의 상물질과 반물질은 크기가 같고 반대 부호의 물질도를 갖는다. 이것을 혼합하면 플러스의 물질도와 마이너스의 물질도가 상쇄한다. 그 결과 물질도는 제로가 되어서 진공이 나타난다. 거기에는 이미 상물질도 반물질도 존재하지 않는다. 이것은 +10도의 액체와 -10도의 액체가 등량으로 혼합되었을 경우에 0도의 액체로 변하는 것과 같다.

상물질과 반물질을 구별하는 데에 '물질도'라는 생소한 양을 도입하였는데, 이것이 어떤 것인지는 후에 밝혀지게 된다. 여기서는 물질도는 상물질과 반물질을 측정하는 척도라고 생각하면 된다.

2장

물질이란 무엇인가?

물질의 내부

반물질은 색깔이나 모양, 냄새 등에서도 상물질과 똑같은 성질을 갖고 있다. 눈앞에 있는 책상이나 연필을 보기만 하여서는 그것이 상물질인지 반물질인지를 구별할 수 없다. 반물질은 상물질과 만났을 때 소멸한다는 점에서 비로소 그것이 반물질이라는 것을 알 수 있다. 이같이 반물질은 상물질과 밀접하게 관련되어 있고, 그것과 대비함으로써 이해할 수 있는 것임을 알 수 있다.

반물질을 더욱 깊이 이해하려면 결국 상물질이란 무엇인가 하는 것을 명백히 해야 한다. 우리 앞에 있는 책상이나 연필이란 무엇인가 하는 것을 우선 분명히 할 필요가 있다.

연필이 무엇이냐고 하는 질문에 대하여는 여러 가지로 대답하는 방법이 있다. 나무의 가느다란 막대 속에 납이나 탄소를 함유한 심이 있는 것이라고 하는 대답도 있을 수 있다. 이 대답은 연필을 그 재료에 따라서 분해하고 있다. 이같이 어떤 물체를 보다 단순한 요소로 분해하는 것은 가장 자연스러운 이해 방법이다.

그런데 호기심이 더 왕성한 사람은 그러면 나무나 납, 탄소는 무엇이냐고 하는 식으로 다시 의문의 폭을 넓혀 갈 것이다. 납이나 탄소를 더욱 단순한 요소로 분해할 수 없을까, 그리고 그 미세한 요소는 또 무엇이냐 하고 추구하려 할 것이다.

가령, 탄소의 내부에 무엇이 있는가를 알기 위해서는 우선 이것을 쇠망치 등으로 가늘게 부숴 보아야 할 것이다. 이것을 계속하여 미세한 가루가 될 때까지 끈기 있게 부수어 간다. 그러는 동안에 입자가 작아져서 한 입자씩을 눈으로 식별할 수 없게 된다. 이 단계에 이르러서도 탄소의 내부로부터는 별난 것이 나타나지 않는다. 하기야 더욱더 미세한 입자로 분해하여 관찰하고 싶어도, 이미 이러한 방법으로는 한계에 도달한 것 같다. 그리고 사람의 눈으로는 10분의 1㎜ 이하의 것을 식별하기 어렵게 된다.

그래서 우리는 현미경의 도움을 빌려 대상을 확대한다. 현미경의 배율은 최고 100배 정도가 되므로 1만 분의 1㎜의 것을 볼 수 있다. 그러나 이렇게까지 확대해도 탄소의 상태에는 아무런 변화를 볼 수 없다. 따라서 현미경의 분해 능력에도 한계가 왔다. 보통의 광학 현미경에서는 이 이상으로 배율을 높이면 그 상(像)이 희미하여진다.

파동으로 물체를 관찰한다

사람의 눈으로 식별할 수 있는 세계를 마크로(巨視)의 세계라고 부른다. 우리가 평소의 생활 속에서 바라보는 자연이나 거리가 바로 그것이다. 이것에 대하여 현미경 등의 특별한 도구에 의하여 비로소 볼 수 있는 세계는 미크로(微視)의 세계라고 부른다. 분자나 원자의 세계가 이것에 해당한다.

현미경으로 볼 수 있는 한계, 즉 1만 분의 1㎜ 이하의 미크로의 세계를 더욱 자세히 조사하는 데는 그 나름의 도구가 필요하다.

빛은 파동이다. 바다의 물결과 같이 마루와 골이 교대로 반복된다(마루에서 마루, 혹은 골에서 골까지의 길이를 파장이라고 한다). 빛은 라디오나 TV의 전파, 병원에서 사용하는 X선 등과 같은 전기적인 파동과 자기적(磁氣的)인 파동이 겹쳐진 전자기파의 일종이다. 이것들은 서로 파장이 다를 뿐이다.

사람의 눈은 전자기파 속에도 있는 특정한 파장의 빛(가시광선)밖에 볼 수 없다. 가시광 중에서도 적색은 파장이 가장 길고 자색은 파장이 가장 짧다. 무지개의 일곱색은 그 순서대로 파장이 조금씩 변하고 있으며, 그 파장은 약 4,000분의 1㎜에서부터 8,000분의 1㎜이다. 전구의 빛이나 태양 광선이 물체에 부딪쳐서 반사하여 사람의 눈에 들어올 때 비로소 물체의 존재를 알 수 있다. 사람의 눈은 가시광선 이외의 전자기파에 대해서는 아무것도 느끼지 못한다.

이것은 어떤 의미에서는 매우 고마운 일이기도 하다. 우리 주위에는 우주로부터 오는 전파나 인공적인 전파로 충만되어 있다. 사람의 눈이 이러한 모든 전자기파에 민감하다면 너무 복잡해서 미치고 말 것이다. 생각해 보면 자연이란 정말로 잘 만들어진 것이다.

지금 호수 속에 하나의 막대를 세웠다고 하자. 막대의 굵기에 비하여 충분히 파장이 긴 파동이 막대에 부딪치더라도 파동은 흐트러지지 않고 그대로 지나가 버린다. 한편 파장이 짧은 잔물결은 막대에 의해 반사되어 처음의 파동이 흐트러진다. 파동의 파장이 막대의 굵기에 가까울수록 파동의 흐트러짐이 커진다. 그래서 이 흐트러짐을 관측함으로써 막대의 존재를 알 수 있다. 이와 같이 보고자 하는 대상의 크기와 같은 정도의 파장을 갖는 파동을 사용하였을 때, 가장 효율적으로 대상을 관측할 수 있는 것이다. 따라서 보다 작은 것을 보려면 그만큼 파장이 짧은 파동을 사용해야 한다. 은하계나 태양계라는 광대한 우주에서부터 분자나 원자라고 하는 미소한 세계에 이르기까지, 우리는 그 대상에 따라서 여러 가지 관측 장치를 사용하고 있다. 이 이야기는 뒤로 미루기로 하고 미시세계(微視世界)의 상태를 좀 더 상세히 알아보자.

미시의 세계

지금 여기에 얼마든지 배율을 높일 수 있는 가상적인 현미경이 있다고 가정해보자. 이 현미경으로는 광학 현미경처럼 1,000배 정도가 아니라, 1만 배든 10만 배든 얼마든지 배율을 높일 수 있는 것이라고 한다.

우선 처음에 물을 관찰해보기로 한다. 대체로 1000만 배 정도로 배율을 높이면 반투명의 둥근 방울 같은 것이 보인다. 자세히 관찰하면 한가운데에 있는 커다란 구의 좌우에 작은 구가 붙어 있다. 이 구름 같은 희미하게 보이는 구가 고속으로 회전하고 있는 전자(電子)이다. 너무 회전이 빠르기 때문에 전자의 입자는 확인할 수 없다. 선풍기의 회전이 빨라지면 그 돌아가는 한 장 한 장의 날개가 보이지 않는 것과 같다.

이 구의 지름은 약 1억 분의 1㎝이다. 한가운데의 좀 큰 구가 산소 원자, 좌우 양쪽에 붙어 있는 2개의 구가 수소 원자이다. 즉 물은 2개의 수소와 1개의 산소로써 만들어져 있는 것이다.

전자는 마이너스의 전기를 띠고 있으며, 수소에는 1개의 전자, 산소에는 8개의 전자가 회전하고 있다. 이와 같은 전자를 궤도전자(執道電子)라고 하며, 그 궤도의 크기가 원자의 크기에 해당한다.

다시 10만 배 정도로 배율을 높이면, 회전하는 전자의 중심에 작은 입자가 보인다. 이것이 원자핵(原子核)이다. 원자핵은 플러스에 대전하고, 전자의 마이너스 전기를 없애고 원자 전체를 중성으로 유지하고 있다. 즉 전기적으로 중성인 보통의 원자에서는, 전자의 수와 원자핵의 양전하의 수가 같다. 가령 수소의 원자핵은 플러스 1, 산소의 원자핵은 플러스 8에 대전하고 있다.

원자핵의 크기는 원자의 크기(전자 궤도의 나비)에 비하여 10만 분의 1, 즉 10조 분의 1㎝ 정도이다. 이것으로도 알 수 있듯이 원자 속은 거의 아무것도 없는 공간이다. 우리의 몸이나 나무나 돌도 사실은 공간투성인 것이다.

현미경의 배율을 좀 더 높여서 주의 깊게 관찰하면, 원자핵 내부에는 두 종류의 공이 채워져 있는 것을 알 수 있다. 이것이 양성자(陽性子)와 중성자(中性子)이다. 양성자는 플러스의 전하를 띠고 있으나 중성자는 그 이름과 같이 전기적으로 중성이다. 원자핵의 전하는 실은 양성자의 전하였던 것이다. 수소 원자핵은 양성자가 1개, 산소 원자핵은 8개의 양성자와 8개의 중성자로써 이루어져 있다. 다시 이 가상적인 현미경의 배율을 높여 보아도 양성자와 중성자의 속은 잘 알 수가 없다. 단단한 껍질에 감싸여 있기 때문에, 그것을 깨뜨리지 않는 한, 내부에 무엇이 있는지 분명하지 않은 것이다.

전자, 양성자, 중성자는 소립자(素粒子)라고 불린다. 전에는 소립자는 물질의 최소 단위라고 생각되고 있었다. 소립자라는 말은 그것이 '물질의 바탕(素)'이라는 것을 뜻했던 것이다.

전자는 거의 크기가 없는 점모양(點狀)의 입자라고 생각되고 있다. 적어도 현재의 실험 기술의 수준으로는 그 크기를 검출할 수가 없다. 양성자나 중성자의 나비는 약 1조 분의 1㎝인데, 전자는 더욱 작아서 그것의 1,000분의 1 이하의 크기라고 생각되고 있다.

크기뿐만 아니다. 전자의 질량도 또 양성자나 중성자의 1,840분의 1이다. 이같이 같은 소립자라도 양성자나 중성자의 그룹과 전자를 비교하면 여러 가지 다른 성질이 있다. 이것은 단순히 겉보기의 차이가 아니라 소립자의 본질에 연유하는 것이라고 생각된다.

자연계의 대칭성

여기서 다시 '물질은 무엇으로 이루어져 있느냐?'고 하는 질문을 돌이켜 생각해 보자. 앞에서 이 질문에 대한 물리학의 해답을 물을 예로 들어서 살펴보았다. 물질은 분자, 원자, 원자핵, 소립자와 같이 보다 작은 요소로 분해할 수 있었다. 이같이 자연계에는 계층 구조가 있다. 수박과 같이 연속적인 구조가 아니라 양파와 같이 층으로 되어 있는 것이다.

현대 물리학에서는 물질의 다양한 성질을 그 하나 아래 계층인 분자의 성질에 의해서 설명하려 한다. 또 분자는 원자의 결합 상태로서, 또 원자는 전자나 원자핵의 집합체로서 보다 단순하고 기본적인 요소로 돌아가서 생각하는 것이다.

물질의 계층 구조를 작은 세계로 추궁해 들어가면 최종적으로 소립자의 세계에 도달한다. 우리를 둘러싸고 있는 상물질(常物質)은 거의 3개의 소립자—양성자, 중성자, 전자—에 의하여 구성되어 있다는 것을 이미 설명한 바 있다. 그리고 무거운 양성자는 플러스의 전하를 가지고, 가벼운 전자는 마이너스의 전차를 가지고 있어, 물질 전체는 전기적으로 중성을 유지하고 있다.

그런데 양성자와 전자는 전하(電荷)라는 점에서는 플러스와 마이너스로 평형을 이루고 있지만, 질량에서는 1,840배나 차이가 있다. 이것은 어쩐지 부자연스러운 느낌이 든다. 가령 다음과 같은 의문이 생기게 될 것이다. '양성자와 같은 질량을 가지며, 마이너스의 전하를 갖는 소립자는 존재하지 않는 것일까? 마찬가지로 전자와 같은 질량을 가지며 양전하인 소립자는 없을까?' 하고.

이러한 의문이 생기는 배경에는 우리가 공통으로 가지고 있는 '대칭성(對稱性)에의 동경'이 있다. 대칭적인 것을 아름답다고 느끼고, 그 안정감을 좋아하는 마음이 있기 때문에, 대칭성이 허물어져 있으면, 무의식중에 균형을 되찾으려는 생각이 들게 되는 것이다. 사람들이 얼마나 대칭적인 것을 아름답다고 느끼고 소중하게 생각하는가는 인류가 지금까지 만들어 온 건축물을 보아도 알 수 있다. 가령 프랑스의 베르사유 궁전, 로마의 바티칸 궁전, 스페인의 알함브라 궁전 등 모두 좌우 대칭의 구조를 갖고 있다. 이것을 만든 옛날 사람들에게도 그리고 소립자에 대하여 플러스 전기와 마이너스 전기의 세계가 대등하기를 바라는 우리에게도 대칭인 것을 아름답다고 느끼는 미적 감각이 그 근본에 있다고 해도 좋을 것이다.

그런데 상물질의 세계 속에서 플러스와 마이너스의 전하를 무리하게 대응시킨다고 하면 양전하인 양성자와 음전하인 전자의 조합을 전제로 해야 한다는 것은 보아온 그대로다. 그러나 앞에서도 말했듯이 양성자와 전자의 질량은 서로 1,840배나 차이가 있다. 또 양성자와 전자를 대응시켰을 때 중성자는 도대체 어떻게 되는 것일까? 중성자는 양성자에 매우 가까운 질

대칭의 아름다움을 자랑하는 로마의 에마누엘러 2세 기념관
(Monumento di Vittorio Emmanuele)

량을 갖고 있다. 질량만을 생각한다면 오히려 중성자와 양성자
는 같은 종류라고 생각하는 편이 좋을 것 같은 느낌이 든다.
그중에서 특별히 양성자만을 취하여 전자와 짝을 맞춘다는 것
은 불공평한 일이 아닐까? 어쨌든 상물질의 세계에서는, 플러
스와 마이너스의 대칭성이 크게 허물어져 있으며 미적 감각과
는 차이가 있다. 그러나 물리학은 실증의 학문이며 실험 사실
을 기초로 하여 이루어져 있다. '소립자는 전하에 관하여 대칭
이어야 한다'는 요구도, 그것이 실증되지 않으면 아무런 설득력
을 가질 수가 없는 것이다.

최초의 반입자

이 '미적인 소립자상(素杜子像)'을 중시한 물리학자가 있었다.
독일의 디랙(P. A. M. Dirac)이다. 그는 전자의 행동을 설명하
기 위하여 양자역학(量子力學)의 이론적인 연구를 하고 있었다.

미시의 세계를 설명하는 데는 뉴턴(I. Newton) 역학 대신 양자
역학이 사용된다. 또 전자는 질량이 작기 때문에 작은 에너지
를 갖고서도 빛에 가까운 속도로 운동한다. 이와 같은 고속운
동을 하는 소립자의 기술(記述)에는 상대성이론을 사용하지 않
으면 안 된다.

디랙이 상대론적 양자역학을 만들어서 전자의 상태를 자세히
조사하였더니, 양에너지의 전자와 함께 음에너지의 전자가 나
타났다. 양에너지의 전자는 지금까지 생각하고 있었던 것이지
만, 새로이 등장하는 음에너지의 전자는 기묘한 성질을 갖고
있었다. 가령 이것에 오른쪽 방향의 힘이 주어지면 왼쪽으로
운동한다. 디랙은 이 음에너지의 전자를 플러스 전기를 갖는
양에너지의 입자와 동등한 것이라고 해석하였다. 이것이 전자
의 반입자, 즉 양전자(陽電子)이다.

디랙의 해석을 간단한 예로써 생각해 보자. 지금 여기에 전
하가 플러스 10이고, 어떤 단위로 측정한 에너지가 5인 소립자
의 집합이 있다고 하자. 그 왼쪽에 1개의 음에너지의 전자가
있다. 그 전하를 마이너스 1, 에너지를 마이너스 2라고 하자.
이 전자를 앞의 소립자군에 보태어 보자. 즉 전자를 오른쪽의
소립자군이 있는 장소로 움직이는 것이다. 그러면 전하는
10-1=9가 되어 플러스 9, 에너지는 5-2=3으로 되어 3이 남게
된다.

이 현상은 디랙의 해석에 의하면 음에너지의 전자를 오른쪽
으로 움직이는 대신, 양에너지의 양전자를 왼쪽으로 움직이는
것과 동등하다. 그것은 곧 처음의 소립자군 속으로부터 양전자
를 1개 왼쪽으로 들어내는 것이 된다. 이 양전자의 전하는 플

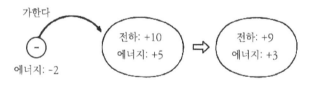

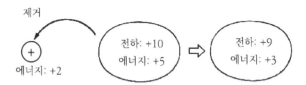

마이너스 에너지를 가한다는 것은 플러스 에너지를 제거하는 것과 같다

러스 1, 에너지는 플러스 2이다. 즉 10의 전하로부터 1개의
전하를 제거하면 9의 전하가 남고, 5의 에너지로부터 플러스 2
를 빼주면 3의 에너지가 남는다. 어느 경우도 최종적으로는 전
하가 9, 에너지가 3이 된다.

이리하여 전자의 반입자, 양전자의 예언이 나오자 4년 후인
1932년에는 앤더슨(C. D. Anderson)이 우주선 속에서 양전자
를 발견하였다. '대칭의 세계'가 현실로 나타난 것이다.

1장에서 물질과 반물질이 서로 만나면 소멸하여 에너지가 방
출된다는 것을 설명한 바 있다. 이와 마찬가지로 전자와 양전
자가 서로 만나면 소멸하여 버린다. 실은 입자와 반입자의 소
멸이 소립자의 세계에서 관측되고, 이 사실로부터 1장에서 소
개한 물질과 반물질의 소멸이 예상되는 것이다. 물질은 소립자
의 집합체이며 반물질은 반소립자의 집합체라고 생각되기 때문
이다.

전자와 양전자는 질량이 똑같고 전하가 반대 부호이다. 둘이 소멸하면 그 질량은 에너지로 변환한다. 상대성원리의 요청인 '에너지와 질량의 동등성'이 실현되어 있다. 이 에너지는 가령 빛의 일종인 감마선으로서 방출된다.

질량이 에너지로 전화한다면 그 반대의 과정으로서 에너지로부터 질량을 생성할 수도 있을 것이다. 이것이 바로 1장에서 설명한 진공상자로부터 등량의 상물질과 반물질을 끌어내는 것에 해당한다. 즉 전자(또는 양전자)의 질량의 2배 이상의 에너지를 갖는 감마선으로부터 전자와 양전자의 쌍을 만들어 낼 수가 있는 적이다.

감마선은 전하가 제로이고 에너지만을 갖는 진공 상태와 같은 것이므로, 이것에서부터 입자를 생성한 때는 생성 입자의 전체 전하는 반드시 제로가 되지 않으면 안 된다. 즉 음전하의 전자와 양전하의 양전자가 언제나 쌍이 되어서 생성되는 것이다. 이것은 전하의 보존법칙의 결과이다.

일반적으로 어떤 반응이 일어났을 때, 반응의 전과 후에 서는 전하의 총량이 같아진다. 이와 같은 보존 법칙에는 전하의 보존 법칙, 이외에도 에너지나 운동량에 관한 것 등 여러 가지가 있다. 말하자면 보존법칙을 만족시키지 않는 소립자 반응은 금지된다고 해도 무방하다. 가령 전하가 제로인 빛으로부터 전자가 1개만 생성된다고 하는 것은 전하의 보존법칙을 깨뜨리고 있으므로 자연계에서는 일어날 수 없는 현상이다. 보존법칙이란 말하자면 조물주가 만든 규칙인 것이다.

그런데 자연은 보통 규칙을 따라서 변화하는데, 때로는 이것을 깨뜨리는 일이 있다. 이 규칙에의 반역이 물리학에 극적인 전개를 가져오는 일이 있다. 이 점에 대해서는 뒤에서 다시 언급하기로 한다.

또 하나의 반입자

양전자의 발견에 의하여 소립자의 세계에서의 '대칭성'은 보다 확실한 개념을 갖게 되었다. 양전자를 예상한 디랙 이론은 또 양성자의 반입자, 즉 반양성자를 가정하고 있다. 반양성자란 양성자와 같은 질량을 가지나 마이너스 부호의 전하를 갖는 소립자이다. 반양성자의 질량은 양전자의 질량의 약 1,840배이므로 반양성자의 생성에는 매우 커다란 에너지가 필요하게 된다.

일반적으로 새로운 소립자의 생성에는 소립자끼리의 충돌 반응을 이용한다. 가령 고속의 양성자를 또 하나의 정지한 양성자에 충돌시키는 것이다. 만일 입사된 양성자의 에너지가 작을 때에는, 양성자는 튕겨서 단순히 산란될 뿐이다. 그러나 에너지가 높아지면 충돌에 의해 양성자 이외의 소립자가 생성된다. 입사에너지가 높아지면 높아질수록 새로이 생성되는 입자의 수가 증가한다. 이것은 앞에서 말한 에너지로부터 질량으로의 전화를 의미한다.

다소 난폭한 비유이기는 하지만, 자동자끼리의 충돌을 생각해 보자. 천천히 충돌하였을 때는 범퍼가 찌그러지고 처음의 진로에서 약간 벗어날 정도의 사고를 당할 것이다. 그런데 시속 100㎞를 초과하게 되면 유리창이 깨져 박살이 나고, 타이어가 빠져나가거나, 심할 경우에는 원래의 형체를 알아볼 수 없을 만큼 파괴되는 일도 있다. 소립자는 자동차처럼 그 자체가 쪼개어져서 반쪽으로 되거나 하는 일은 없지만, 그 대신 새로

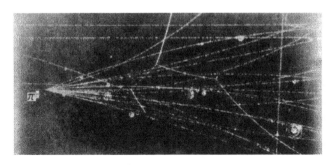

소립자의 충돌 비적. π⁻반응(16GeV/c)(사진: CERN)

운 입자가 생성되는 것이다.

위의 사진은 고에너지 파이중간자(π⁻)가 왼쪽에서부터 액체수소로 입사하여, 수소 속의 양성자와 격돌하여 많은 소립자가 생성되었을 때의 비적 사진(飛跡寫眞)이다. 반입자의 생성에도 이와 같은 소립자의 충돌을 이용한다.

그런데 양전자의 발견은 많은 물리학자를 반양성자의 검출로 몰아세웠다. 소립자의 충돌을 실현하는 데는 우주선 속에 함유되어 있는 고에너지 소립자를 이용하는 것이 가장 간단한 방법이다. 이것을 사진 건판 속에 입사시켜, 그 속에서 일어나는 충돌 반응을 조사하는 것이다.

그런데 지구로 내리 쪼이는 우주선은 그렇게 많지 않다. 고에너지 소립자는 더욱 그렇다. 원하는 현상을 검출할 수 있느냐 없느냐의 문제를 날씨에 맡길 수밖에 없는 것이다.

한편 1945년경부터 소립자 연구를 위한 가속기가 건설되기 시작했다. 가속기란 인공적으로 높은 에너지의 소립자를 만들어 내는 대형 장치이다. 가속기는 우주선에 비하여 엄청나게 많은 소립자를 만들어 낸다. 1초 동안에 100억 개의 소립자를 생성하는 것은 기본이다.

1952년 반양성자 생성에 목표를 두고 캘리포니아 대학에서 베바트론(Bevatron)이라 부르는 가속기가 건설되었다. 반양성자를 만들어 내는 데 필요한 에너지를 약간 웃도는 점에 가속할 양성자 에너지가 설정되었다. 그리고 1955년 세그레(E. G. Segré)와 체임벌린(O. Chamberlain)이 베바트론으로 반양성자의 검출에 성공하였다. 예상은 훌륭히 적중했던 것이다.

이것에 이어서 반중성자도 발견되었다. 중성자는 원래 전하를 갖지 않은 입자이므로 반중성자도 또 전기적으로 중성이다. 전하나 질량이 같다고 하면 반중성자와 중성자는 무엇이 다르냐고 하는 의문이 생길지 모른다. 이것에 대한 상세한 이야기는 1장에서 설명한 '물질도'가 다른 것이다. 즉 중성자가 플러스의 물질도를 갖는데 대하여 반중성자는 마이너스의 물질도를 가진다. 따라서 두 입자가 충돌하면 각각의 물질도가 소멸되고, 반중성자와 중성자가 더불어 소멸하는 것이다.

그러나 반입자도 반입자의 세계에 존재하는 한 소멸되지 않는다. 전자나 양성자가 상물질의 세계에서 안정했던 것처럼, 양전자나 반양성자도 입자와 만나지 않는 한 안정하게 존속할 수 있다.

이리하여 상물질을 구성하는 3개의 소립자—양성자, 중성자, 전자—에 대하여, 3개의 반입자—반양성자, 반중성자, 양전자—가 다 갖추어진 셈이다. 더욱이 그 후에 발견된 여러 가지 소립자에도 모두 반입자가 대응하여 있다. 그러나 이들 소립자의 대부분은 그 수명이 극히 짧기 때문에, 자연계에 안정하게 존재할 수가 없으며 고에너지 충돌반응으로 만들어질 수 있을 뿐이다.

 이제 '대칭의 미학(美學)'은 실험적인 지지를 받게 되었다. 입자와 반입자 사이의 완전한 대칭성은 소립자 물리학의 기본적인 지식으로 굳어진 것이다.

반세계의 창조

 1개의 양성자와 1개의 전자가 모이면 수소 원자가 만들어진다. 양성자가 갖는 플러스 전기와 전자의 마이너스 전기는 서로 끌어당기고, 전자는 양성자 가까이에 포획되어 있다. 이 힘은 쿨롱힘이라고 부른다. 행성이 태양 주위를 회전하듯이 전자는 양성자 주위를 회전한다.

 전자는 그 에너지에 따라서 회전 궤도가 다르다. 전자가 높은 에너지의 회전 궤도로부터 낮은 에너지의 궤도로 옮겨 갈 때 남은 에너지는 X선으로 되어 방출된다.

 그러면 양성자와 전자를 그 반입자로 바꾸어 생각해 보자. 이번에는 마이너스 전하를 갖는 반양성자와 플러스 전하의 양전자간에 쿨롱힘이 작용하여 양자가 서로 잡아당긴다. 이리하여 반수소 원자가 만들어진다. 반양성자와 양전자 사이의 힘은 양성자와 전자 사이의 힘과 같은 세기이다. 양성자와 반양성자, 전자와 양전자는 서로 부호가 다른 등량의 전하를 갖고 있기 때문이다.

 양전자는 반양성자의 주위를 회전하고, 양전자가 궤도를 바꿀 때는 X선을 방출한다. 이 반수소 원자가 방출하는 X선의 에너지는 수소 원자가 방출하는 X선의 에너지와 일치한다.

 그런데 2개의 수소 원자가 결합하면 수소 분자가 만들어진다. 수소 가스는 많은 수소 분자의 집합체이며 -252도가 되면

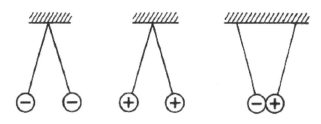

같은 부호의 전하끼리는 서로 반발하고, 반대 부호끼리는 서로 끌어 당긴다

액체로 변환한다.

우리는 지금 양성자와 반양성자, 전자와 양전자와 같이, 입자와 반입자 사이의 완전한 대칭성을 믿어 의심하지 않는다. 그렇다면 수소 분자와 같이 2개의 반수소 원자가 결합하면 반수소 분자가 만들어질 것이다. 그리고 이것이 집합하면 반수소 가스를 만들 것이다. 그리고 반수소 가스는 수소 가스와 마찬가지로 -252도에서 액화할 것이 틀림없다.

마찬가지로 하여 8개의 반양성자와 8개의 반중성자로부터 반산소 원자핵이 만들어지고, 그 주위를 8개의 양전자가 회전하여 반산소 원자가 만들어진다.

또 반산소 원자 1개와 반수소 원자 2개가 결합하면 물의 반분자(反水)가 만들어지게 될 것이다. 이렇게 만들어진 반수(反水)는 물과 마찬가지로 0℃에서 얼고, 100℃에서 끓는다. 하얀 반설(反雪)은 우리가 보는 눈과 조금도 다르지 않다.

'반수'의 특징은 그것이 '물'과 만나면 소멸되고 강대한 에너지가 발생한다는 점이다. 반수 속의 반양성자, 반중성자, 양전자가 각각 물속의 양성자, 중성자, 전자와 소멸하기 때문이다. 그러므로 등량의 물과 반수가 있으면 양자는 형체도 없이 소멸

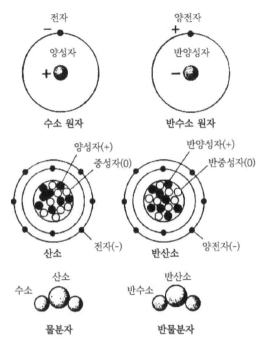

수소 원자　　반수소 원자

산소　　반산소

물분자　　반물분자

반수소, 반산소, 반수

되어 버리며, 만일 물의 분량이 반수보다 많을 때는 반수의 분량에 해당하는 물이 소멸하고 나머지 분량은 물로 남게 된다.

　생물을 만들고 있는 주원소는 수소, 산소, 질소, 탄소이므로 이들의 반원소이다. 반수소, 반산소, 반질소, 반탄소에 의해 반생물(反生物)이 만들어진다. 반입자로 이루어진 '반인간(反人間)'을 생각하여도 이상할 것이 없다. 동물도 식물도 생명이 없는 물질도, 물질세계의 모든 것에 반물질이 대응하는 것이다. 반양성자, 반중성자, 양전자로부터 상물질의 세계와 전혀 대칭적인 반물질의 세계를 창조할 수 있다.

오로라

이같이 소립자의 세계에서 입자와 반입자의 완전한 대칭성이 실현되고 있는 이상, 원자나 분자도 그리고 물질도 또 그것에 대응하는 반세계를 갖는다고 생각하는 것은 매우 자연스러운 일이라 할 것이다. 이러한 생각을 확장한다면 반성(反星), 반은하계(反銀河系)라는 거시적인 규모로서의 반물질의 존재를 예상할 수 있다.

우리가 살고 있는 지구는 대부분이 상물질로써 만들어져 있으며, 가속기나 우주선에 의하여 약간의 반입자가 만들어질 뿐이다. 우리와 제일 가까운 천체인 달도 상물질이다. 왜냐하면 만일 달이 반물질로써 이루어져 있다면, 인공위성이나 우주 비행사가 착륙한 순간, 그것들은 소멸되고 없어져 버렸을 것이기 때문이다.

태양 역시 상물질이다. 태양으로부터 방출되는 대전(帶電)한 입자군(粒子群)은 대기권 상공에서 오로라를 만든다. 만일 태양이 반물질로 만들어졌다면, 태양으로부터 반입자군이 방출되고, 이것이 대기와 만나서 소멸하면 막대한 에너지를 방출하여, 오로라는 지금보다 훨씬 더 강렬한 빛을 내야하기 때문이다.

태양계의 다른 행성이 지구나 달과 같은 시기에 마찬가지 메커니즘으로 형성되었다면, 그들도 또 상물질로써 만들어졌을 것이라고 생각된다.

그렇다면 태양계 밖에서는 어디에 반성(反星)이 존재할까? 반성의 존재를 가리킬 만한 관측 사실이 있는 것일까?

소립자를 조종하는 힘

소립자의 세계에서는 입자와 반입자가 하나의 예외 없이 대응하여 아름다운 대칭의 세계를 만들고 있다. 지금까지 상물질과 반물질의 소재로 된 3개의 안정 입자, 즉 양성자(반양성자), 중성자(반중성자), 전자(양전자)에 대하여 그 대응을 보아 왔다. 또 소립자 중에는 많은 불안정 입자가 있다. 이들 소립자를 대상으로 입자와 반입자의 성질을 좀 더 생각해 보자. 잠시 입자계(粒子系)에 대하여 설명하겠다. 이것은 반입자계에 대해서도 그대로 적용된다.

그런데 양성자와 중성자를 합하여 핵자(核子)라고 부른다. 양자의 질량은 거의 같다. 핵자의 질량은 전자의 약 1,840배였다. 양성자와 중성자는 굳게 결합하여 원자핵을 만들고 있는데, 전자는 훨씬 먼 곳을 회전하고 있다. 핵자에는 너비가 있으나 전자는 점모양(點狀) 입자이다.

이와 같은 핵자와 전자의 두드러진 특징은 어떻게 해석해야 할까? 그 배후에는 핵자와 전자를 구별할 수 있는 더 확실한 원인이 있는 것일까?

현재는 100에 가까운 소립자가 발견되어 있다. 이들 소립자군의 성질을 조사해 보면, 핵자에 유사한 것과 전자에 유사한 것으로 대별할 수 있다. 그래서 전자(前者)를 총칭하여 강입자(强粒子), 후자(後者)를 경입자(輕粒子)라고 부른다. 경입자라는 이름은 얼마 전까지는 질량이 작은 경입자만이 실험에서 확인되었기 때문에 이러한 이름이 붙여졌으나, 최근에는 꽤나 무거운 경입자도 발견되고 있다.

2개의 소립자 사이에는 힘이 작용하고 있다. 가령 양성자와 중성자가 원자핵 속에 갇혀 있는 것은 둘 사이에 '강한 힘'이라고 부르는 인력이 작용하고 있기 때문이다. 강입자란 '강한 힘이 작용하는 입자'라는 뜻이다.

한편 전자가 원자핵 주위의 일정한 궤도 위를 운동하며 떨어져 나가지 않는 것은 전자와 원자핵 사이에 '전자기력(電磁氣力)'이 작용하고 있기 때문이다. 이 전자기력은 중력과 더불어 예로부터 알려져 있었다. 셀룰로이드를 서로 마찰하면 머리카락이 흡착하거나 스웨터를 벗을 때에 탁탁하는 소리가 나는 현상, 번개 등은 모두 플러스와 마이너스의 전하가 원인이다. 이렇게 서로 다른 종류의 전하는 흡인하고 서로 같은 종류의 전하는 반발한다는 것은 평소에 볼 수 있는 현상을 통해서 자연스럽게 이해될 것이다.

전기 현상과 마찬가지로 자기 현상 역시 자석이라는 흔한 물체의 작용으로서 일찍부터 보고 경험해 온 일이다. 자석의 양단에는 N극과 S극이 있어서, 이것은 마치 플러스와 마이너스의 전기처럼 서로 흡인력과 반발력을 미치고 있다. 이 전기력과 자기력을 합쳐서 전자기력이라고 부른다.

이와 같은 거시세계에서 볼 수 있는 전기와 자기의 작용은 전자나 양성자를 포함한 미시세계에서도 나타난다. 강한 힘이 핵자 사이의 힘으로서 미시세계에서만 나타나고, 거시세계에서는 그 현상을 볼 수 없는 것과는 큰 차이가 있다.

원자로부터 전자를 1개 제거하면 나머지 원자는 플러스의 전기를 띤다. 이것을 이온이라고 부른다. 이 이온화에 필요한 에너지는 전자기력의 크기를 가늠으로 한다.

이것에 대하여 원자핵으로부터 양성자 또는 중성자를 제거할 때의 에너지로부터 그것의 힘의 세기를 알 수 있다. 이리하여 추정한 힘의 크기는 강한 때를 1이라고 할 때 전자기력은 그것의 1,000분의 1 정도이다.

전자기력은 전자뿐만 아니라 양성자나 반양성자와 같은 강입자 사이에도 작용한다. 즉 전자기력은 경입자나 강입자도 모두 포함한 하전 입자 사이에 작용하는 것이다. 그런데 전자는 전자기력뿐만 아니라 또 다른 하나의 힘이 작용하는 것이 특징으로 지적되고 있다. 그 힘을 '약한 힘'이라고 부른다.

약한 힘은 방사선 붕괴를 일으키는 힘이다. 방사선 붕괴의 예로서 잘 알려진 것에는 베타(β)붕괴가 있다. 가령 중성자가 양성자로 바뀌고, 전자와 뉴트리노를 방출하는 현상이다.

여기서 발생한 뉴트리노란 전자와 마찬가지로 경입자에 속하며, 질량은 거의 제로이고 전기적으로 중성인 소립자이다. 약한 힘은 그 이름과 같이 다른 2가지 상호 작용에 비하여 극히 약하다. 즉 강한 힘의 10만 분의 1, 전자기력의 1,000분의 1 정도이다. 이 약한 힘은 경입자와 강입자의 양쪽에 작용하지만, 강입자에 작용하는 강한 힘에 비하면 무시할 수 있다. 즉 약한 힘은 강한 힘이 작용하지 않는 경입자에 특징적인 힘이다.

이상에서 설명한 것을 종합하면 다음과 같다. 소립자에는 세 가지 힘, 강한 힘, 전자기력, 약한 힘이 작용하며 이 순서로 힘이 약하다. 강한 힘은 강입자, 약한 힘은 경입자에 작용하는 특징적인 힘이며, 전자기력은 강입자, 경입자를 가리지 않고 모든 하전 입자 사이에 작용한다.

소립자의 종족

이리하여 힘의 종류에 따라서 많은 소립자를 2가지 종족, 즉 강입자족과 경입자족으로 대별할 수 있었다. 이 종족 이외에 단 1개의 소립자족 광자(光子)가 있다. 광자란 전자기파의 입자적 상(像)과 같은 것이다. 즉 가시광선이나 X선, 감마선은 파동의 성질과 입자의 성질을 가지며, 광자라는 것은 입자적 성질에 주목했을 때에 부르는 이름이다. 광자는 에너지를 가진 빛의 입자라고 생각하는 것이다.

강입자족과 경입자족의 가족 구성을 좀 더 상세히 살펴보기로 하자.

강입자에는 중입자(重粒子, Baryon)와 중간자(中間子, Meson)라는 두 가족이 있다. 중입자는 중간자에 비하여 질량이 큰 것이 많기 때문에 이렇게 불리는데, 현재는 중간자에도 매우 무거운 것이 발견되어 있다. 중입자족에는 상물질을 만들고 있는 안정 입자, 즉 양성자(p), 중성자(n)도 속해 있다. 이 외에도 델타(⊿),

람다(Λ), 시그마(Σ) 등 많은 소립자가 속하는데, 이것들은 모두 수명이 짧아서 100억 분의 1초 이하의 수명으로 붕괴한다. 중성자는 단독으로 끄집어내면 평균 수명이 약 15분으로 β붕괴를 하지만 물질 속에서는 안정하다. 물질 속에서는 중성자의 겉보기 질량이 양성자보다 작아지고, 중성자가 붕괴하여 양성자로 변환하지 못하는 것이다.

중간자에는 유카와(湯川秀樹) 박사 등이 예언한 파이(π)중간자를 위시하여 케이(K), 로우(ρ), 오메가(ω) 등이 있다. 이들 중간자는 모두 수명이 짧고 1억 분의 1초 정도에서 붕괴하고 만다.

소립자의 종족이나 성질을 구별하는 데는 여러 가지 양자수(量子數)를 사용한다. 꽃의 종류를 구별하는 데에 꽃잎의 수나 꽃 색깔로 구분하는 것과 흡사하다. 따라서 양자수란 소립자를 구별하는 표지라고 생각하면 된다.

중입자족을 다른 종족과 구별하는 것이 중입자수(重粒子數, 바리온수 B)라는 양자수이다. 양성자나 중성자 등의 중입자에는 플러스 1의 중입자수를 부여하고, 그 반입자(반양성자나 반중성자 등)에는 마이너스 1을 부여한다.

여기까지 오면 중입자수란 1장에서 설명한 '물질도(物質度)'에 해당하는 것임을 알 것이다.

헬륨은 양성자 2개, 중성자 2개를 함유하므로 중입자수(물질도)는 B=+4이고, 반헬륨은 B=-4이다. 물질의 질량은 원자핵과 핵외전자(核外電子)의 질량의 합이며, 전자의 질량은 중입자의 1,840분의 1이므로 여기서는 우선 전자에 대해서는 고려하지 않기로 한다. 중입자수는 절댓값이 물질의 질량에 비례하고, 상물질에서는 플러스, 반물질에서는 마이너스이다.

강한 힘은 양성자와 중성자를 원자핵이라는 좁은 공간에 밀폐시켜 버린다. 이 공간의 나비는 10조 분의 1㎝라는 미소한 것이다. 이것에 대하여 전자의 회전 궤도는 10만 배나 먼 거리에 있다. 이것이 강한 힘은 근거리 힘이고 전자기력은 원거리 힘이라고 불리는 이유이기도 하다. 더욱이 핵자(核子)의 질량은 전자에 비하여 2,000배 정도나 크다. 이렇게 무거운 핵자를 끌어당기고 있기 때문에, 그 힘이 얼마나 센 힘인지를 알 수 있다.

종류가 많고 매우 버글버글한 강입자족에 대하여 경입자족은 조용한 종족이다. 작용하는 힘(약한 힘)이 약하고 입자의 종류도 적다. 그렇다고 해서 경입자족을 약소민족으로서 무시하여서는 안 된다. 대국주의가 이미 과거의 것인 것처럼 경입자족은 소립자의 세계 속에서 독자적인 지위를 차지하고 있다. 어쩌면 물질의 궁극적 요소는 경입자일지도 모른다고까지 생각되고 있다. 이것에 대해서는 4장에서 좀 더 자세히 설명하기로 한다.

현재까지 6종류의 경입자가 알려져 있다. 즉 전자(e^-), 뮤입(μ^-), 타우(τ^-)와 이것들과 형제 관계에 있는 3종류의 뉴트리노, 즉 전자뉴트리노(ν_e), 뮤뉴트리노(ν_μ), 타우뉴트리노(ν_τ)이다. 앞에서도 말했듯이 뉴트리노는 질량이 거의 제로이고 전기적으로 중성인 소립자이다.

이들 6종류의 경입자에는 모두 그 반입자가 대응해 있다. 즉 전자에는 양전자(e^-e^+), 뮤 마이너스 입자에는 뮤 플러스 입자($\mu^-\mu^+$), 타우 마이너스에는 타우 플러스($\tau^-\tau^+$)와 3종류의 반 뉴트리노($\bar{\nu}_e$, $\bar{\nu}_\mu$, $\bar{\nu}_\tau$)이다.

이같이 전하를 갖는 것은 입자와 반입자에서 부호가 달라진

		입자	반입자
강입자 (하드론)	중입자 (바리온)	p, n, Λ, Σ	$\bar{p}$, $\bar{n}$, $\bar{\Lambda}$, $\bar{\Sigma}$
		B=+1	B=−1
	중간자 (메손)	$(\pi^{+}, \pi^{0}, \pi^{-})$ ↔ $(\pi^{-}, \pi^{0}, \pi^{+})$	
		(K^{+}, K^{-}) ↔ (K^{-}, K^{+})	
		ω ↔ ω	
경입자 (렙톤)		(e^{-}, ν_{e})	$(e^{+}, \bar{\nu}_{e})$
		(μ^{-}, ν_{μ})	$(\mu^{+}, \bar{\nu}_{\mu})$
		(τ^{-}, ν_{τ})	$(\tau^{+}, \bar{\nu}_{\tau})$
		L=+1	L=−1
광자 (포톤)		γ	

다. 그러면 뉴트리노와 같이 중성입자는 입자와 반입자에서 무엇이 다른 것일까? 이 사정은 중성자와 반중성자의 경우와 같다고 할 수 있다, 중성자일 경우에는 중입자수라는 '물질도'를 나타내는 양자수의 부호를 바꾸어서 양자를 구별하였다.

경입자의 경우도 입자와 반입자를 구분하는 데에 경입자수(렙톤수 L)라는 '물질도'를 도입한다. 경입자수는 6개의 경입자에 대하여 플러스 1, 6개의 반경입자에 대하여는 마이너스 1로 한다. 전자가 2개, 3개로 증가하면 경입자의 수도 커진다. 반대로 양전자가 증가할 때는 경입자수는 마이너스로 커진다. 이 사정도 중입자수의 경우와 비슷하다.

물질이 핵자와 전자로써 이루어져 있다는 것은 이미 여러 번 설명했다. 핵자의 수와 전자의 수가 상물질을 완전히 규정하고, 반핵자 및 양전자의 수는 반물질을 규정한다. 중입자수는 핵자

와 반핵자의 수를, 경입자의 수는 전자와 양전자의 수를 측정
하는 척도이다. 1장에서 설명한 물질도란 중입자수와 경입자수
라고 하는 2가지의 다른 척도에 대응하고 있다.

양성자와 양전자는 모두 플러스의 전하를 가지며 서로 반발
한다. 따라서 양성자와 양전자가 인력을 미쳐서 결합하고 원자
를 구성할 수는 없다. 마찬가지로 반양성자와 전자도 결합할
수가 없다.

빛의 구름

소립자에는 종족과 가족이 있으며 이것들은 고유의 물리량(物
理量)과 양자수를 갖는다는 것을 확인했다. 물질의 기본을 이루
는 소립자는 기대한 것만큼 단순하지 않으며, 자연의 심오함을
여러 가지 모양으로 보여 주고 있다. 사람의 얼굴과 성질이 각
각 다르듯이, 소립자도 또 고유의 얼굴과 성격을 가지고 있는
것이다.

각개 소립자가 본래 지니고 있는 성질을 정적인 성질이라고
부른다.

이것과는 별도로 소립자가 충돌이나 붕괴 과정을 통하여 어
떻게 행동하는지에 관한, 이른바 동적인 성질이 있다.

우선 소립자의 정적인 성질로서는 가장 기본적인 양의 하나
인 질량을 들기로 한다.

에너지와 질량은 동등하기 때문에, 보통 소립자의 질량은 에
너지의 단위로서 나타내어진다. 그것은 소립자와 같은 미소한
질량을 보통 물체를 측정하듯이 '그램'으로 측정한다는 것은 매
우 불편하기 때문이다. 가령 양성자의 질량은 1조 분의 1g의

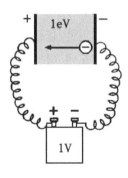

1전자볼트

다시 1조 분의 1이다. 따라서 질량은 전자볼트(eV)라는 에너지의 단위로서 측정한다.

평행인 2장의 금속판에 전지를 접속하고 그 속에 전자를 1개 넣어 본다. 이 전자는 마이너스의 전하를 갖기 때문에 플러스의 전극에 끌리고, 마이너스의 전극으로부터는 반발된다. 이리하여 전자는 음극으로부터 양극으로 향하여 운동하기 시작한다. 즉 전자는 운동 에너지를 얻은 셈이 된다. 전극 사이에 1볼트의 전위차(電位差)가 있을 때, 전자가 얻는 운동 에너지가 1전자볼트이다.

1000전자볼트(1000eV)는 keV라 표시하고 킬로전자볼트라고 부른다. 또 그 1,000배를 밀리언전자볼트(MeV), 또 그것의 1,000배를 기가(10억)전자볼트(GeV)라고 부른다. 가령 핵자의 질량을 에너지의 단위로 나타내면 약 1GeV가 되며, 파이중간자는 140MeV, 전자는 510keV이다.

그런데 e^-와 e^+, p와 $\bar{p}$, n와 $\bar{n}$와 같은 입자와 반입자의 질량은 엄밀하게 같다는 것이 실험으로 확인되어 있다.

소립자 중에는 매우 접근한 질량을 가진 몇 개의 조(組)가 있다. 가령 양성자와 중성자의 질량차는 겨우 1,000분의 1(MeV)이다. 또 하전 파이중간자(π^+, π^-)와 중성 파이중간자나(π^0)의 질량차는 5% 정도이다. 이런 경우 양성자와 중성자, 또는 π^+, π^-, π^0와 같이 질량이 유사한 소립자는 원래 동일한 것이며, 그것이 전하의 차이에 따라서 약간의 질량차를 나타내는 것이라고 생각하고 있다.

가령 처음에 핵자라는 것이 있고, 그것이 플러스의 전기를 띤 것이 양성자, 전기적으로 중성인 것이 중성자라고 하는 것이다. 물론 반양성자와 반중성자도 또 반핵자에서 생긴 것이라고 생각한다.

이와 같은 하전의 차이가 왜 질량차를 나타내는 것일까? 전자나 양전자와 같이 전하를 갖는 입자는 자기 자신의 주위에 빛의 구름(光雲)을 갖고 있다. 이들 하전 입자를 고속으로 운동시켜, 그 진로를 갑자기 구부려 주면 구름만이 처음의 운동 방향으로 날라 나가고, 그 구름은 빛의 일종인 X선이나 감마선으로서 실제로 관측된다.

이 빛의 구름은 언제나 플러스의 질량을 갖는 것만은 아니다. 양성자의 경우는 빛의 구름의 질량은 마이너스이다. 따라서 빛의 구름을 갖는 양성자의 질량(938.3MeV)이 알몸의 중성자(939.6MeV)보다 근소하게 가벼워진다.

파이중간자의 경우는 하전 파이중간자($\pi^\pm$)의 질량이 139.6MeV, 중성 파이중간자(π^0)의 질량은 135.0MeV이다. 즉 빛의 구름이 플러스의 질량을 갖는 것이 된다.

그런데 전하를 갖는 소립자의 경우는 입자와 반입자는 전하의 부호가 서로 반대로 되어 있다. 전자(e^-)와 양전자(e^+), 양성자(p^+)와 반양성자($\bar{p}^-$)가 그 예이다. π^+와 π^-도 입자와 반입자의 관계이다. 1장에서 말했듯이 입자와 그 반입자가 소멸한다는 것은 물질도나 전하가 제로가 되는 것을 뜻한다. 그것은 e^-와 e^+, p와 $\bar{p}$처럼 입자와 반입자의 전하가 역부호로 되어 있기 때문이다. 물론 중성자(n)와 같이 전하가 없는 소립자에서는 그 반입자(반중성자)도 전기적으로 중성이다.

소립자의 성질과 반응은 장(場)의 양자론이라 부르는 이론으로 설명된다. 이 이론에 의하면 입자와 반입자의 질량과 수명은 엄밀하게 동등하다는 것을 증명할 수 있다. e^-와 e^+, p와 $\bar{p}$와 같이 입자와 반입자의 전하가 서로 다를 경우에도 그것들의 질량은 전적으로 같다. 이 사실은 입자와 그 반입자가 입고 있는 빛의 구름이 동등하다는 것을 뜻한다.

이리하여 양성자 1개와 전자 1개로써 이루어지는 수소 원자와, 반양성자 1개와 양전자 1개로써 구성되는 반수소의 질량도 같다. 이 사실로부터 분자와 반분자도 결국은 같은 종류의 상물질과 반물질의 질량도 엄밀하게는 동등하게 되는 것이다.

양성자는 플러스의 전하를 가지고, 중성자는 전하를 갖지 않기 때문에 양자는 전기적으로 대칭이 아니다. 양성자는 빛의 구름을 갖고 있으나 중성자는 그것이 없다. 이것이 중성자의 질량을 양성자보다 약간 무겁게 만들고 있는 것이다. 즉 이 때 양성자가 갖고 있는 빛의 구름은 마이너스의 질량을 갖는 것이 된다. 하전 파이중간자($\pi^\pm$)와 중성 파이중간자의 질량차도 빛의 구름이 원인이다.

덧없는 수명

소립자가 갖는 또 하나의 중요한 성질은 수명이다. 소립자는 태어났을 때에 질량을 얻어 일정한 수명으로 붕괴한다. 정지한 소립자는 그 소립자에 고유의 질량과 수명을 갖는다.

여기서 특히 '정지한 것'이라고 미리 말해 둔 것은 만일 소립자가 광속에 가까운 속도로 운동하면 상대론적 효과에 의하여 그 질량이나 수명이 증가하기 때문이다.

현재까지 알려져 있는 소립자 중에서 붕괴하지 않는 안정된 소립자는 양성자, 전자, 뉴트리노와 이들의 반입자인 반양성자, 양전자, 반뉴트리노 및 광자이다. 중성자나 반중성자는 앞에서 말했듯이 단독으로 끄집어내면 평균 수명 약 15분으로써 붕괴하지만, 상물질이나 반물질 속에서는 안정하다. 상물질(반물질)을 만드는 양성자, 중성자, 전자(및 이것들의 반입자)가 안정하다는 것은 물질(반물질)의 안정성을 보증하고 있는 것이다. 최근에 양성자가 붕괴할지도 모른다는 것이 화제로 되어 있지만, 가령 그것이 사실이라고 할지라도 그 수명은 우주의 역사(약 100억년)보다 훨씬 길다. 그렇지 않으면 우주 창성기에 탄생한 양성자는 지금까지 생존해 있을 수가 없기 때문이다.

그런데 소립자의 수명이 중요한 것은 그것이 힘의 종류와 밀접하게 관계하고 있기 때문이다.

소립자에 힘이 작용하는 것을 상호 작용이 작용한다고 말한다. 그렇다면 3가지 힘에 대응하여 강한 상호 작용, 전자기적 상호 작용, 약한 상호 작용이 있다는 것이 된다. 가령 붕괴에서는 소립자의 상태가 변화하는 것이므로, 거기에는 어떠한 상호 작용이 작용했다는 것이 된다(붕괴하기 전의 소립자를 어미, 붕괴한 후의 입자를 딸이라고 부를 때도 있다).

그런데 소립자의 수명은 평균 수명으로 나타내는 경우가 많으며, 이하 단순히 '수명'이라고 할 때에는 평균 수명을 가리키는 것으로 한다.

여기서 평균 수명이란 처음에 있은 많은 소립자가 붕괴하여 36%의 수로 감소하는 시간을 말한다. 즉 평균 수명 사이에 약 64%의 소립자가 붕괴하지만, 나머지 36%는 아직 그대로 존재한다.

그런데 수명이 짧다는 것은 단위 시간(가령 1초)에 붕괴하는 소립자의 수가 많다는 뜻이다. 지금 여기에 평균 수명이 1초인 소립자 A와, 5초인 소립자 B가 100개씩 있었다고 하자. 이것이 1초간에 붕괴하는 수는 A가 64개, B가 18개이다. 즉 1초 후에 그대로 생존하는 수는 A가 36개, B가 82개로 된다.

A와 B를 비교하면, A는 어미가 딸로 붕괴하는 비율이 4배 가까이 많다는 결과가 된다. 이것은 곧 A에 작용하는 상호 작용이 B에 비하여 강하다는 것을 뜻하게 된다. 물론 수명을 결정하는 것은 상호 작용의 크기 이외의 요인도 있지만, 여기서는 이들의 영향이 A와 B에서 동등한 것으로 생각하고서 설명하기로 한다.

강입자의 붕괴에는 커다란 특징이 있다. 이것을 파이 중간자의 예에서 살펴보기로 하자. 우선 파이중간자 π^+와 π^-(이것을 $\pi^{\pm}$로 표기한다)는 붕괴하여 뮤입자와 뉴트리노가 된다. 이것을 $\pi^+ \rightarrow \mu^+ + \nu_{\mu}$, $\pi^- \rightarrow \mu^- + \nu_{\mu}$와 같이 표기한다. $\pi^{\pm}$의 수명은 10^{-8}초이다. 여기서 10^{-8}은 $1/10^8$을 뜻한다. 10^8은 1억(100,000,000)을 간단하게 표기한 기법으로서 10^8의 8은 0의 수가 8개임을 뜻한

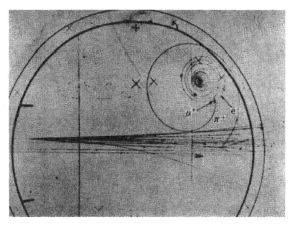

$$\pi^+ \rightarrow \mu^+ + \nu_\mu$$
$$\hookrightarrow e^+ + \nu_e + \bar{\nu}_\mu$$

다. 여기에 보인 것과 같은 뉴트리노(ν_μ)나 반뉴트리노($\bar{\nu}_\mu$)를 수반하는 붕괴는 약한 상호 작용의 특징이다. 앞에서 강입자에 작용하는 전형적인 힘은 강한 상호 작용이라는 것을 설명한 바 있다. 그러나 이같이 강입자(π)는 확률은 작지만 약한 상호 작용도 하는 것이다.

중성 파이중간자(π^0)는 $\pi^0 \rightarrow 2\gamma$와 같이 2개의 광자($\gamma$는 감마선)로 붕괴한다. 광자가 관계하는 반응은 전자기 상호 작용의 특징이다. 이 수명은 약한 상호 작용에 의한 붕괴의 수명보다 짧아서 10^{-16}초이다. 0을 16개 늘어놓은 수의 역수이므로 얼마나 짧은 수명인지 상상할 수 있을 것이다. 즉 전자기력은 약한 힘에 비하여 훨씬 강하다는 것을 의미하고 있다.

강한 힘에 의한 붕괴는 이보다 훨씬 짧은 수명을 갖는다. 파이중간자 자신은 강한 힘에 의한 붕괴를 하지 않는다. 더욱 질량이 큰 소립자, 가령 파이중간자의 질량(140MeV)의 약 5배의

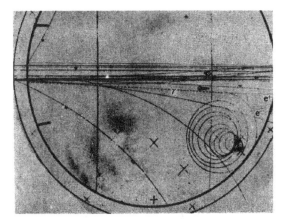

파이 중간자의 반응 $\pi^0 \rightarrow 2\gamma$
$\hookrightarrow e^+ + e^-$

질량(760MeV)을 가진 로우(ρ)중간자는 $\rho^0 \rightarrow \pi^+ + \pi^-$와 같이 붕괴한다. 이같이 파이중간자가 방출되는 반응은 강한 상호 작용의 특징이다. 로우중간자는 실로 10^{-23}초라는 짧은 수명이다.

이같이 하여 강한 힘, 전자기력, 약한 힘이라는 힘의 세기의 순서가 수명의 길이에 반영되고 있는 것이다. 맹렬하게 짧게 사는 것이 강한 힘, 조용하게 오래 사는 것이 약한 힘의 특징이다. 전자기력은 바로 그 중간에 위치한다.

입자와 반입자의 수명은 엄밀하게 동등하다. 가령 처음에 설명한 $\pi^- \rightarrow \mu^- + \overline{\nu_\mu}$라는 약한 상호 작용에 의한 붕괴 과정에서 π^-, μ^-, $\overline{\nu_\mu}$의 입자와 반입자를 치환하여 본다. 그러면 $\pi^- \rightarrow \pi^+$, $\mu^- \rightarrow \mu^+$, $\overline{\nu_\mu} \rightarrow \nu_\mu$와 같이 되어 $\pi^+ \rightarrow \mu^+ + \nu_\mu$라는 붕괴 과정이 생긴다. π^-와 π^+의 수명은 엄밀하게 같다. 즉 약한 상호 작용을 포함하여 3가지 상호 작용은 입자와 반입자에 대하여 동등한 작용을 갖는다.

　이상에서 설명했듯이 질량이나 수명이라는 기본적인 물리량은, 입자와 반입자에서 엄밀하게 동등하다. 바리온수라든지 렙톤수라는 양자수가 입자에 대하여 플러스, 반입자에 대하여 마이너스가 되는 것을 제외하고는 입자와 반입자는 대등하게 행동하는 것이다.

3장
충돌하는 소립자

충돌하는 소립자

에너지는 물질로 전화하고, 물질은 소멸하여 에너지를 낳는다. 그러나 에너지와 물질의 상호 변환에는 그 나름대로의 적절한 방법이 필요하다.

물질을 고스란히 에너지로 바꾸기 위해서는 그것을 반물질과 쌍소멸(我消滅)을 시키는 것이 유일한 방법이라는 것을 이미 말한 바 있다. 또 고에너지의 감마선으로부터 입자와 반입자가 생성된다는 것도 지적한 바 있다. 반입자와 입자를 만들어 내는 일반적인 방법은 고에너지 입자를 충돌시키는 것이다. 충돌하는 입자는 양성자와 양성자처럼 중입자끼리인 경우도 있지만, 전자와 양전자같이 경입자끼리인 경우도 있다.

고속 운동을 하는 양성자가 정지해 있는 양성자에 충돌하는 경우를 생각해 보자. 전자를 입사 입자(入射粒子), 후자를 표적 입자(標的粒子)라고 한다. 이 충돌 과정을 다음과 같은 3단계로 구분하여 생각한다.

제1단계는 충돌 직전까지로서 2개의 양성자 사이에는 아무런 힘도 작용하지 않는다. 입사 양성자 A와 표적 양성자 B는 강한 힘의 도달 거리(10^{-13}cm)에 비하여 훨씬 멀리 떨어져 있기 때문이다.

A가 B에 충분히 접근하여 힘을 서로 미치는 것이 제2단계이다. 이 경우 A와 B로써 이루어지는 복합계는 매우 높은 에너지의 중간 상태를 만들고 있다. 중간 상태란 양성자와 양성자가 서로 스쳐가면서 서로에게 힘을 미치는 특별한 상태이다.

가령 이 양성자가 광속도(매초 30만km=3×10^{10}cm/sec)로 운동한다고 하면, 이것이 양성자의 크기에 해당하는 거리를 달려가

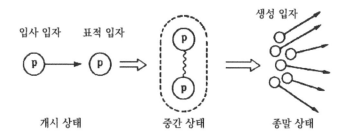

개시 상태   중간 상태   종말 상태

충돌 과정

는 시간은 양성자와 크기(10^{-13} ㎝)를 빛의 속도로 나눈 3×10^{-24} 초 정도이다. 이 짧은 시간이 2개의 양성자가 서로 스쳐가는 시간이며 강한 상호 작용이 작용하는 시간이기도 하다.

이렇게 하여 만들어진 중간 상태가 어떤 것인가 하는 것은 충돌하는 방식에 따른다. 양성자와 양성자가 그 표면 부분에서 접촉할 때도 있지만, 양자의 충돌에 의하여 양성자끼리가 일체화되어 버리는 경우도 있을 것이다. 어느 경우에도 중간 상태의 전체 에너지는 입사 양성자의 운동 에너지와 2개의 양성자의 정지 질량을 합한 것이 된다.

제3단계에서는 중간 상태가 갖는 높은 에너지를 근원으로 하여 많은 입자나 반입자가 발생한다. 이것은 에너지의 물질화가 일어나는 것으로서, 발생하는 입자는 처음의 양성자가 쪼개져서 생긴 것이 아니다. 중간 상태의 에너지가 입자(또는 반입자)의 질량으로 변하는 것이다. 만일 양성자의 조각이 생성 입자가 되는 것이라고 하면, 양성자와 양성자의 충돌에서는 결코 반양성자나 반중성자 등은 발생하지 않는다. 또 양성자는 바리온수 1을 갖는 것이므로 양성자가 2개로 쪼개지면 바리온수가 2분의 1인 입자가 발생하게 될 것이다. 그러나 실험에서는 이와 같은 기묘한 입자는 발견되지 않았다.

그렇다면 중간 상태의 에너지가 허용하는 한 얼마든지 입자나 반입자가 발생하는 것일까? 아니면 입자와 반입자가 발생하는 방식에는 어떠한 특별한 제약이 있는 것일까? 이 질문에 답하려면 2장에서 언급한 보존 법칙이 중요한 역할을 하게 된다.

물질은 보존된다

입자와 반입자는 중입자수나 경입자수의 부호가 플러스냐 마이너스냐에 따라서 구별된다는 것을 말했었다. 붕괴나 충돌 반응의 전후에서는 이 중입자수와 경입자수가 보존되는 것이 확인되었다. 뒤에서 설명하듯이 중입자수의 보존은 양성자와 반양성자의 안정성을 보증한다는 중요한 법칙이다. 즉 중입자수는 임의로 소멸하거나 나타나거나 하지 않는다. 이것은 곧 물질세계와 반물질세계의 안정성을 의미하는 것이다.

중입자수 보존의 의미를 양성자-양성자 충돌의 예로써 생각해 보기로 하자. 개시 상태라고 불리는 제1단계에서는 양성자가 2개 있으므로 중입자수의 총계는 2이다. 그러면 제2단계에서 만들어지는 중간 상태나 제3단계인 종말 상태도 중입자수의 총계는 2가 된다. 즉 반응의 각 단계에서 중입자수의 총계는 같아지지 않으면 안 된다.

실험에서 측정하는 것은 종말 상태에서 나타나는 많은 입자이다. 이 중에는 처음에 있었던 양성자(p)가 그대로 남아 있는 경우도 있지만 파이중간자(π)나 반핵자가 새로 이 생성되는 경우도 있다. 그러나 어느 경우에도 모든 생성 입자에 대하여 중입자수를 합산하면 그것은 2로 되어 있는 것이다.

그렇다면 몇 가지 예로서 중입자수의 보존을 알아보기로 하자.

우선 제일 간단한 충돌 과정, 탄성 산란(彈性散亂)에서는 개시 상태와 종말 상태에서 입자의 종류가 변화하지 않는다. 이 경우는 양성자와 양성자가 충돌하여 양성자와 양성자가 튀어 나간다. 이것을 $p+p \rightarrow p+p$와 같이 표기한다. 화살표 앞이 개시 상태이고, 뒤가 종말 상태이다. 입사 양성자의 에너지가 낮은 동안은 탄성 산란이 주된 반응 과정이다.

입사 입자의 에너지가 약간 증가하면, 강입자 중에서 제일 가벼운 입자, 파이중간자가 튀어 나온다. 가령 $p+p \rightarrow p+p+\pi^0$ 또는 $p+p \rightarrow p+n+\pi^+$ 등의 반응 과정을 나타낸다. 이때에도 개시 상태와 종말 상태의 중입자 수는 2이며 보존 법칙이 성립되어 있다. 최종 상태에서 3개의 중입자를 생성하는 $p+p \rightarrow p+p+n$와 같은 반응은 개시 상태의 중입자수가 2이고, 종말 상태가 3이기 때문에 금지된다. 즉 반응이 일어나지 않는다.

입사 양성자의 에너지가 증가함에 따라서 무거운 입자의 발생이 가능하게 된다. 중입자수를 보존하고, 반양성자를 생성하는 가장 간단한 반응 과정은 $p+p \rightarrow p+p+p+\bar{p}$이다. 종말 상태에 3개의 양성자와 1개의 반양성자가 나타나 있다. 3개의 양성자의 중입자수는 3, 반양성자의 중입자수는 마이너스 1이므로 종말 상태의 중입자수의 합은 2이다. 이것으로부터 알 수 있듯이 1개의 반양성자를 생성하면 양성자도 1개가 만들어진다. 그렇지 않으면 중입자수가 보존되지 않기 때문이다.

마찬가지로 반중성자($\bar{n}$)를 만들 때는 $p+p \rightarrow p+p+n+\bar{n}$이라는

반응이 제일 간단한 것이다. 어느 경우도 양성자(p)와 반양성자 ($\bar{p}$), 중성자(n)와 반중성자($\bar{n}$)가 쌍으로 되어 생성되고 있다. 일반적으로 중입자뿐만 아니라 경입자를 포함하여 반입자는 반드시 입자와 쌍으로 되어 만들어진다.

창성기(創成期)의 우주가 강대한 에너지를 갖는 진공상태, 즉 중입자수도 경입자수도 제로인 상태였다고 하자. 그러면 거기서부터 입자와 반입자가 반드시 쌍으로 되어 발생할 것이다.

이렇게 생성된 소립자가 결합하여 원자를 만들고, 이 원자가 집합하여 분자가 되고, 이윽고 오늘날의 물질세계가 형성되어 왔다. 한편 반입자도 또 마찬가지 과정을 거쳐서 반원자, 반분자를 만들어 반물질의 세계에로 발전하게 될 것이다. 즉 상물질과 반물질의 세계는 대칭(對稱)으로 만들어진다고 하는 생각은 매우 자연스러운 일이라 하겠다.

소립자를 가속한다

우리를 둘러싸고 있는 상물질의 세계 속에서 반입자를 만들려면 '에너지의 물질화'의 원리에 의하지 않으면 안 된다. 그리고 이 에너지를 공급하는 것이 고에너지 소립자이다.

물론 고에너지 소립자가 단독으로 존재하는 것만으로는 그 에너지로부터 입자-반입자의 쌍이 만들어질 수는 없다. 에너지를 물질로 전화하는 계기가 필요하다. 그리고 이러한 계기를 주는 것이 상호 작용이다. 앞에서 말한 양성자-양성자의 충돌에서는 강한 상호 작용이 작용하고, 그것에 의하여 입자와 반입자의 쌍이 발생한다.

반입자를 만들기 위한 제1단계는 높은 에너지의 소립자를 만

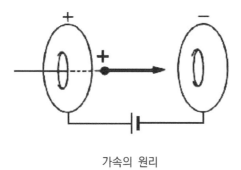

가속의 원리

드는 일이다. 다음에 이 고에너지 소립자와 또 다른 하나의 소립자를 충돌시키는 것이다.

고에너지 소립자를 만드는 장치는 가속기라고 부른다. 가속기는 전기와 자기의 힘을 이용하기 때문에 전하(電荷)를 갖는 입자밖에 가속하지 못한다. 소립자 연구의 목적으로 만들어진 가속기에서는 주로 양성자와 전자가 가속되고 있다. 여기서는 양성자 싱크로트론이라고 불리는 양성자 가속기의 원리를 설명하기로 한다.

운동하는 물체는 운동 에너지를 갖고 있다. 운동 에너지는 물체의 속도와 더불어 커진다. 뒤집어 말하면 입자에 높은 에너지를 부여하면 입자는 고속으로 운동한다는 것이다.

앞에서 말했듯이 플러스와 마이너스의 전극 속에 하전 입자를 넣으면, 그것은 전극으로부터 힘을 받아 운동을 시작한다. 양성자는 플러스의 전하를 가지고 있기 때문에 마이너스의 전극으로 끌린다. 1볼트의 전압에서 양성자가 얻는 에너지가 1전자볼트이다.

반양성자를 만들 목적을 가진 베바트론에서는 70억 전자볼트까지 양성자를 가속시킬 수 있다. 이 에너지를 한 벌의 전극에서 얻으려고 하면 70억 볼트의 강한 전압을 주지 않으면 안 된다. 이것은 기술적으로 실현 곤란하다.

그래서 전극을 몇 벌을 두어서 가속을 누적시킨다. 10벌의 전극을 늘어놓고 하전 입자를 잘 통과시키면, 한 벌의 전극에는 10분의 1의 전압을 주면 된다.

지금 양성자가 통과하는 작은 구멍이 있는 전극이 몇 개 배열되어 있다고 하자. 우선 홀수째의 전극(전극 1, 3, 5, ……)을 플러스로 하고, 짝수째의 전극(전극 2, 4, 6, ……)을 마이너스로 유지한다. 전극 1과 2 사이에 양성자를 유도하면, 양성자는 마이너스의 전극 2에 끌려서 그 작은 구멍으로부터 모습을 나타낸다. 그 순간 홀수극과 짝수극의 전압을 전환한다. 즉 전극 2를 플러스, 전극 3을 마이너스로 하는 것이다. 양성자는 마이너스의 전극 3으로 끌려서 그 작은 구멍을 통과한다. 여기서 다시 전압을 전환한다. 이렇게 연달아 전극판을 통과시켜 가속을 누적시킴으로써 높은 에너지를 만들어 주는 것이다.

그러나 이러한 가속 방식으로서는 가속기가 매우 길어진다. 고속인 입자는 전극의 전압을 전환하는 사이에 꽤 긴 거리를 달려 가버리기 때문이다. 스탠퍼드 대학에는 전자를 가속하는 선형(線型) 가속기가 있는데 이 길이는 3.2㎞에 이른다.

그래서 전극을 원형으로 배열해 놓고 같은 전극 사이를 입자가 몇 번씩이나 통과하도록 하면 그때마다 에너지를 줄 수 있게 되어, 결과적으로 많은 전극으로 가속하는 것과 같은 효과를 얻게 된다. 이러한 아이디어를 실현한 것이 오늘날 고에너지 물리학에서 활약하고 있는 양성자 싱크로트론이다.

양성자 싱크로트론

양성자 싱크로트론은 양성자를 회전 운동하게 하면서 가속시킨다.

양성자를 회전시키는 데는 자기장을 사용한다. 자석의 N극과 S극을 상하로 두면 N극으로부터 S극, 즉 위에서부터 아래로 향하여 자기장이 발생한다. 이 자기장에 수직으로 하전 입자를 넣으면, 입자는 그 자기장에 수직인 평면 내에서 휘어진다. 이같이 입자 궤도를 휘게 하는 힘을 로렌츠힘이라고 한다. 로렌츠힘의 크기는 자기장의 세기와 입자의 속도에 비례한다. 한편 회전하는 입자에는 원심력이 작용하여 회전을 방해한다. 차를 운전하다가 고속으로 회전하려 할 때 몸이 바깥쪽으로 쏠려 가는 일이 있는데 이러한 힘이 원심력이다. 롤러코스터가 거꾸로 되어도 승객이 떨어지지 않는 것은 원심력에 의해 몸이 바깥쪽으로 밀리면서 바닥면으로 눌리고 있기 때문이다.

이리하여 회전 궤도의 안쪽으로 향하는 로렌츠힘과 바깥쪽으로 향하는 원심력이 균형을 이루어, 자기장 속의 양성자는 일정한 궤도 위를 회전 운동을 한다. 이 두 힘의 평형을 계산해 보면 다음과 같은 것을 알 수 있다. 입자는 자기장이 강할수록 휘어지기 쉽고, 그 속도가 빠를수록 휘어지기 어렵다. 속도가 크게 된다는 것은 에너지의 증가를 의미하는 것이므로, 가속하는 입자의 에너지를 높이기 위해서는 자기장을 강하게 하든지, 회전 반경을 크게 할 필요가 있다.

오늘날의 양성자 싱크로트론에 사용되고 있는 전자석의 길이는 2~3m, 그 무게는 10톤 전후이다. 이와 같은 전자석이 수백 개나 궤도를 따라서 배치되어 있다. 전자석의 중심에는 진공 파

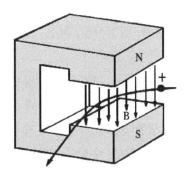

하전 입자는 자계에 수직인 평면을 따라가면서 휘어진다

이프가 통하여 있고, 입자는 그 속을 운동한다. 공기 속에서는 양성자가 산소나 질소와 충돌하여 없어져 버리기 때문이다.

이 장치에서는 양성자는 완전한 원의 궤도를 따라서 회전하는 것은 아니다. 과장하여 말하면 사각형이나 팔각형의 각을 둥글게 한 것과 같은 모양이다. 이 각 부분에 자석이 놓여 있고 여기서 양성자가 회전하는데, 각과 각 사이에 자석이 없는 부분이 있다. 이 직선 부분은 양성자를 가속하거나 양성자를 가속기 속으로 입사하거나 가속기로부터 바깥으로 끌어내는 데에 사용된다. 양성자를 가속시키기 위한 전극에는 양성자를 끊임없이 가속할 수 있게, 양성자의 회전 주기에 맞춘 고주파 전기장을 걸어 준다.

양성자의 에너지가 높아지면 원심력에 의하여 궤도가 바깥으로 벗어 나간다. 이것을 일정한 궤도로 유지하기 위해서는 에너지의 증가와 더불어 자기장을 크게 해 주면 된다. 양성자 싱크로트론에서는 낮은 에너지로 입사된 양성자는 몇 초 동안에 최고 에너지에 도달한다. 이 동안에 전자석의 자기장은 수백 가우스에서 2만 가우스 정도까지 변화한다. 가우스란 자기장의 단위로서, 우리 가까이에 있는 영구 자석의 자기장은 500가우스 정도이다.

이리하여 양성자는 자기력에 의하여 회전하고 전기력에 의하여 가속된다. 양성자 싱크로트론에서는, 양성자는 100만 회 정도를 회전한 후 최고 에너지에 도달한다. 현존하는 최대 가속기의 최고 에너지는 5000억 전자볼트(5×10^{10}eV= 500GeV)이므로 수십만 볼트 정도의 전압이 가속 전극에 걸리게 된다.

쥐라산맥의 기슭

여기는 제네바의 교외, 쥐라산맥(Jura Mts.)의 기슭이다. 이른 봄 쾌청한 하루, 성호는 아저씨가 연구하고 있는 세른(CERN)을 방문하였다. 세른이란 유럽 원자핵 공동 연구 기관이다. 유럽 여행 중 제네바에는 5일간쯤 체재하기로 하였다. 이곳을 기점으로 몽블랑이나 융프라우와 같은 스위스의 산악 지대를 즐길 예정이었으나 아저씨의 권유로 이 연구소를 방문하기로 하였다.

사실 성호는 소립자라든지 원자핵 등에 관한 지식이 전혀 없다. 옛날에 고등학교의 물리나 화학 시간에 그런 말을 들었었는지는 모르나 지금은 기억이 남아 있지 않다. 물리나 화학은 제일 싫은 학과의 하나였다.

그렇다고 해서 소립자를 포함한 미시 세계에 대하여 흥미가 없는 것은 아니다. 1조(比) 분의 1㎝ 정도의 작은 것을 어떻게 관측할 수 있는 것인지, 또 빛의 속도에 가까운 속도로 운동하는 소립자를 어떻게 만들어 내는 것일까?

세른(유럽 원자핵 공동 연구 기관) (사진: CERN)

소립자는 물질의 최소 단위라고 한다. 그렇다면 지금 여기에 있는 내 몸속에도 소립자가 빽빽이 차 있다는 이야기가 된다. 이렇게 생각하면 소립자가 약간은 가까운 것으로 느껴지기도 한다. 이런 의문과 호기심이 뒤섞인 착잡한 기분으로 이 연구소를 방문하였다.

커다란 건물과 실험실이 늘어서 있는 연구소의 한 모퉁이에 양성자 싱크로트론이 있다. 아저씨의 안내로 전단(前段) 가속기가 설치된 방으로 들어간 성호는 우선 그 크기에 놀랐다. 우주 영화에 나오는 것 같은 10m 이상이나 되는 커다란 유리가 몇 개나 서 있다. 아저씨가 설명한다.

"이 유리는 50만 볼트의 고전압 발생 장치야. 이 전압을 이용하여 양성자를 조금만 더 가속해 주는 거야."

"자세한 것은 잘 몰라도 굉장히 큰데요. 그런데 이 양성자라는 것이 어디서 오는 거죠."

"양성자는 그 속에 있는 이온원(源)에서 만들어지는 거야. 수소

양성자 싱크로트론(앞쪽)과 ISR(뒤쪽)의 링 (사진: CERN)

원자는 양성자와 전자로써 이루어져 있어. 수소 가스 속에서 번개와 같은 방전을 일으키면 양성자가 전자로부터 분리되는 거야. 이 양성자를 전기의 힘으로 끌어내어 전단 가속기로 유도하는 거다."

"양성자니 전자가 무엇이며 그것이 왜 전기의 힘으로 움직이는지 하는 것은 잘 몰라도, 오늘은 그런 원리적인 질문은 하지 않겠어요."

"그래, 그런 것은 또 다른 기회에 설명하기로 하고, 오늘은 양성자가 어떻게 가속되고, 높은 에너지로 되는가 하는 것을 알아보기로 하지."

그렇게 말씀하시고 아저씨는 성호를 다음 방으로 안내하였다.

"전단 가속기에서 50만 전자볼트(500keV)까지 가속된 양성자는 여기에 있는 선형 가속기로 들어가는 거야. 길이 30m의 선형 가속기에서는 5000만 전자볼트(50MeV)까지 가속돼. 이 에너지가 되면 양성자의 속도는 빛의 30%에 달하게 되는 거야."

"빛은 1초 동안에 지구를 7바퀴 반을 회전한다는데, 그 긴 통을 통과한 양성자는 빛의 속도의 4분의 1로 되는 거군요."

전단 가속기 (사진: CERN)

두 사람은 선형 가속기를 따라 두터운 콘크리트 벽 쪽으로 걸어 나왔다〔현재는 선형 가속기와 양성자 싱크로트론 사이에 또 하나의 부스터(증폭기)라고 불리는 소형 양성자 싱크로트론이 들어 있다. 여기서는 복잡해지기 때문에 부스터의 설명은 생략하기로 한다〕. 그곳에는 느릿하게 구부러진 터널 속에 길이 5m나 되는 쇳덩어리가 몇 개나 늘어서 있었다.

"이 원형 터널 속에는 지금 눈앞에 있는 것과 같은 전자석이 100개나 늘어서 있단다. 이 전체 중량은 300톤 이상이나 되지. 이 전자석이 만드는 자기장에 의하여 양성자는 지름 약 100m나 되는 궤도 위를 회전하는 거야. 저기에 가속부가 보이지."

"여기서 가속된 양성자의 속도는 빛의 속도에 매우 가까워지겠군요."

"그렇지. 여기서는 300억 전자볼트(30GeV)까지 가속되어 양성자

선형 가속기 (사진: CERN)

의 속도는 광속도의 99.95%가 되는 거야."

"우리가 인공적으로 만들어 내는 속도로서는 최고가 되겠네요. 마하 1이라든가 2의 제트기 따위는 문제도 되지 않는군요."

"그렇지. 빛을 제외하면 고에너지 소립자의 속도는 지상에서 얻을 수 있는 어떠한 속도보다 빠를 거야. 이 양성자의 속도는 마하 100만에 해당하거든."

"놀라운 속도군요. 이런 정도면 원하는 속도를 달성한 거죠?"

"아니야, 아직도 더 빠른 속도가 필요해. 이제부터 보여 주는 슈퍼 양성자 싱크로트론은 이것의 10배 이상 되는 크기야."

"그럼 아저씨들은 얼마나 큰 속도를 가져야 만족하시죠? 물리학자란 터무니없는 스피드광이군요."

"우리는 얼마든지 더 높은 에너지를 갖고 싶어 해. 고에너지의 소립자를 또 다른 소립자에 충돌시켜서 소립자의 더 깊은 속을 탐구하고 싶은 거야. 에너지가 높으면 높을수록 소립자의 더욱 깊은 곳에 들어갈 수 있거든. 그래서 조금이라도 높은 에너지의 소립자를 만들 수 있도록 가속기를 개량하는 노력이 앞으로도 계속될 거야."

두 사람은 터널로부터 밖으로 나왔다. 시계는 3시를 가리키고 있었다.

"그럼 커피라도 마시고 좀 쉬도록 하자."

두 사람은 연구소의 레스토랑으로 걸어갔다.

지하 50m

레스토랑의 절반에는 소파와 테이블이 놓여 있어 커피를 마시면서 이야기할 수 있게 되어 있다. 여기저기의 테이블에서는 5~6인의 연구자가 모여서 무슨 이야기를 하고 있었다.

"여기저기서 말하는 소리를 들으니까 여러 나라 말들인 것 같은데, 도대체 여기에는 몇 나라 사람들이 모여 있지요?"

"이 연구소는 EC 12개국에서 운영하고 있어. 각국이 그 나라의 국가 예산에 따라서 출자하게 되어 있단다. 연간 총예산은 약 3000억 원이며 독일, 프랑스, 영국, 이탈리아가 큰 출자국이야. 하지만 폴란드, 헝가리, 러시아(구소련) 등 동유럽국과 일본, 중국, 미국 등으로부터도 항상 몇 사람이 드나들고 있단다."

"그야말로 국제적인 연구소군요."

"용어도 표준어가 영어로 되어 있고, 세미나나 강연도 영어로 하고 있어. 그러나 자기 나라 사람들이 모이면 자유로이 자기 나라

슈퍼 양성자 싱크로트론의 내부 (사진: CERN)

말을 쓰지."

"그런데 더 큰 가속기는 어디에 있는 거예요? 지금 자동차로 달려온 부지 안에는 많은 실험실이 들어서 있어서 더 가속기를 만들만한 장소가 없을 것 같은데……"

"슈퍼 양성자 싱크로트론은 저 길 저쪽 밭 밑에 있단다. 방사선같은 것을 고려하여 지하 50m나 되는 곳에 주위 6㎞의 터널을 파고, 그 속에 앞서 보았던 것 같은 전자석이 약 1,000개가 늘어서 있지. 전체 중량은 2만 톤 가까이나 된단다."

"야, 굉장하군요. 돈이 많이 들었겠어요."

"그러면 가보기로 하지. 여기는 스위스 영토이고, 저쪽은 프랑스령이므로 여권이 필요한데 갖고 있겠지."

"물론 갖고 있어요. 하지만 같은 연구소 안에서 여권이 필요하다니 정말 놀랍군요."

 두 사람은 2㎞ 정도 앞의 실험실에 도착하였다. 거기서 가속기 견학을 위한 수속을 마치고 엘리베이터를 탔다. 엘리베이터는 밑으로 계속 내려갔다. 성호는 중얼거렸다.

 "엘리베이터로 수십 층이나 내려가기는 처음이에요."

 엘리베이터는 어두컴컴하고 널찍한 곳에 정지했다. 밖으로 나가보니 그 벽에는 몇 대의 자전거가 놓여 있었다.

 "이 자전거로 터널 속을 달리게 되어 있는데 성호도 한 바퀴 돌아볼까?"

 "그만두겠어요. 6㎞나 되는 길을 달리고 나면 피곤할 것 같아요."

 터널 속에서 가속기를 따라 먼 곳을 바라보니 약간 구부러져 있는 것이 보였다. 아저씨의 설명이 시작된다.

 "여기서 양성자는 4000억 전자볼트(400GeV)까지 가속되는 거야. 이것은 빛의 속도의 99.9997%에 해당한단다. 이 양성자를 지상의 실험실로 유도하여 거기서 여러 가지 충돌 실험을 하는 거야."

 "그렇게 몇 개의 가속기에서 에너지를 받아 온 양성자도, 드디어 여기서 가속기로부터 밖으로 나오게 되는 거군요. 그렇다면 이 이상 에너지를 높이는 것은 지금의 기술 수준으로는 어렵겠군요."

 "아니야, 가속기를 크게 한다는 것은 기술적인 문제라기보다는 오히려 재정적인 문제라 할 수 있어. 어쨌든 거대 가속기의 건설에는 수천억 원의 비용이 들거든."

 "그럼 이 정도의 규모가 현재 건설할 수 있는 최대의 가속기가 되겠군요. 그렇다면 소립자의 연구도 이 이상 발전시키기는 어렵겠네요."

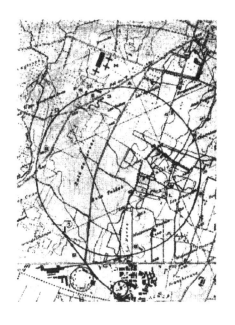

세른의 전모 (사진: CERN)

"보다 높은 에너지를 만들기 위한 방법이 없는 것은 아니야. 지금 갖고 있는 가속기를 사용하여 매우 높은 에너지의 충돌 반응과 같은 효과를 올리려면, 두 입자를 정면으로 충돌시키는 거야. 이 슈퍼 양성자 싱크로트론을 사용하여 막대한 에너지를 발생시키는 양성자-반양성자 충돌형 가속기는 지금 실험하고 있는 중이야. 5년 후의 완성을 목표로 쥐라산맥을 관통하는 대가속기 계획이 시작되었어. 이것이 곧 전자-양전자 충돌형 가속기야."

"그동안 여러 가지 신기한 기계들을 보여 주셔서 무언가 다른 세계에 온 것 같은 기분이었어요. 하지만 유럽 각국이 소립자 연구에 대한 열의는 대단하군요."

슈퍼 양성자 싱크트론의 실험실 (사진: CERN)

거대한 입자 관측 장치 (사진: CERN)

두 사람은 다시 지상으로 나왔다. 약간 쌀쌀한 바람이 기분이 좋다. 해가 서쪽으로 기울기 시작하고 쥐라 산맥은 검은 그림자를 늘어뜨렸다. 스위스의 조용한 자연과 그 한구석에 있는 과학의 세계. 성호는 이번 스위스 여행에서 생각지도 않았던 또 하나의 나라—과학의 세계—를 엿본 느낌이 들었다.

더 높은 에너지를

분자→원자→원자핵→소립자라듯이, 미시의 세계로 들어감에 따라 그 연구에는 높은 에너지가 필요하게 된다. 소립자의 중심 부분에 또 하나의 소립자를 침입시키려면 그만큼 강한 힘을 주지 않으면 안 되기 때문이다. 물체를 '보는' 데는 물체와 같은 정도의 파장의 파동을 충돌시켜 그 반사 상태를 관찰하는 것이 가장 효율적이라고 말했다. 운동하는 소립자는 일정한 파장을 가진 일종의 파동이라고 생각할 수 있는데, 그 파장은 에너지에 반비례한다. 작은 것을 보려면 파장을 짧게, 즉 입사 입자의 에너지를 증가할 필요가 있다.

앞에서도 설명했듯이 물질에는 분자에서부터 소립자에 이르는 계층 구조가 있으며 각 계층에는 고유의 크기가 있다. 가령 원자는 1억 분의 1cm(10^{-8}cm), 소립자는 10조 분의 1cm(10^{-13}cm) 정도이다. 이 같은 넓은 대상을 관찰하기 위한 에너지의 가늠으로는, 원자의 관찰에는 1000전자볼트(10^3eV=1keV), 원자핵의 경우는 100만 전자볼트(10^6eV=1MeV), 그리고 소립자의 경우는 10억 전자볼트(10^9eV=1GeV)이다. 즉 에너지가 약 1,000배씩 증가하면 한 계층 아래의 계층이 관측되기 시작한다. 따라서 보다 작은 세계를 해명하려면, 보다 높은 에너지를 공급할 수

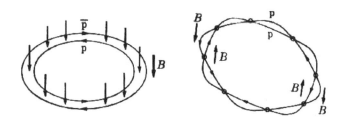

(좌) 반양성자의 충돌 링
(우) 2개의 링에서는 자기장 B의 양성자-방향이 다르다

있는 가속기가 필요하게 된다.

충돌하는 에너지를 향상시키는 한 가지 방법이 가속기 속에서 2개의 소립자를 정면으로 충돌시키는 것이다. 지금 여기에 최고 시속 100㎞를 낼 수 있는 자동차가 있다고 하자. 한 대를 정지시키고 다른 한 대, 충돌시키는 것이 통상의 가속기 실험이다. 이 경우에 최대의 충격을 주는 것은 물론 최고 시속(100㎞)으로 충돌하였을 때이다. 그 이상의 충격을 주려 해도 이미 자동차의 속도가 더 올라가지 않으므로 어쩔 수가 없는 것이다.

그래서 이번에는 양쪽 자동차를 100㎞로 반대 방향에서 달려오게 하여 정면으로 충돌시킨다. 이때의 충격이 얼마나 격렬할 것인지 상상할 수 있을 것이다. 이러한 강한 충격을 소립자의 충돌에서 실현하려는 것이 충돌형 가속기이다.

슈퍼 양성자 싱크로트론에서는 2700억 전자볼트(270GeV)의 반양성자와 양성자가 정면으로 충돌한다. 이때의 충격은 정지해 있는 양성자에 160조 전자볼트(1.6×10^5GeV)의 반양성자가 충돌하는 것에 해당한다. 만일 이 에너지를 보통의 정지 표적에 충돌시키는 방식의 가속기로서 얻으려고 하면 지름이 무려

ISR(양성자-양성자 교차 축적 링) (사진: CERN)

800㎞에 이르는 가속기가 필요하게 된다. 따라서 정면충돌의 위력이 얼마나 큰 것임을 알 수 있을 것이다.

더욱이 이 방식에서는 같은 자기장 속으로 에너지가 같은 양성자와 반양성자를 도입한다. 양자는 전하의 크기가 같고 부호가 반대이기 때문에, 동일 원주 위를 역방향으로 회전한다. 즉 양성자와 반양성자, 전자와 양전자와 같이 입자와 그 반입자를 동일한 자기장 속에서 가속시키려면 가속기는 1대가 있으면 된다.

세른에서는 양성자-양성자 충돌형 가속기가 처음으로 만들어졌다. 이 경우는 2개의 양성자를 서로 반대 방향으로 회전시키기 위하여, 자기장의 방향이 반대인 가속기가 2대 필요하다. 그림에서와 같이 2개의 가속기를 겹쳐 놓고 한쪽을 45도 회전시키면 여덟 군데에서 교차하므로, 여기에 양성자와 양성자가 정면충돌을 하게 된다.

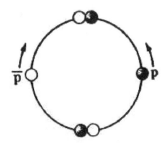

양성자와 반양성자 각각이 하나씩 다발로 되어서 충돌하면 두 군데에서
충돌한다

어쨌든 대형 가속기는 그 건설 가격이 2500억 원이나 되므
로 큰 부담이 아닐 수 없다.

세른에 있는 300억 전자볼트(30GeV)의 양성자-양성자 충돌
형 가속기는 ISR(Intersecting Storage Ring: 교차 축적 링)이라
부른다. 미리 양성자 싱크로트론으로 이 에너지까지 가속시킨
양성자를 입사시키고, 축적 링에서는 가속하지 않으므로 이와
같이 불리고 있다.

양성자-반양성자 충돌형 가속기는 260억 전자볼트(26GeV)의
양성자와 반양성자를 입사시켜 동시에 가속하여 2700억 전자
볼트(270GeV)까지 에너지를 높인다. 양성자와 반양성자는 전하
의 부호가 다르고 질량이 같기 때문에 편리하다. 이 장치는 반
양성자-양성자 콜라이더($\bar{p}$-p Collider)라고 부른다(이때 $\bar{p}$는 피
바라고 발음하므로 피바-피 콜라이더라고도 한다).

반양성자-양성자 콜라이더에서는 동일 궤도를 양성자와 반양
성자가 회전한다. 그렇다면 도대체 충돌은 어디서 일어나는 것

제네바 (사진: PIERRE JAEGER&FILS SA, 1912)

일까? 가속기의 주변 전체에서 충돌한다면 실험 장치를 배열하는 것이 큰일이다.

그런데 가속기란 매우 교묘하게 만들어져 있다. 가속하는 전기장은 입자의 회전 주기에 맞추어서 부호를 바꾼다. 지금 가속되는 입자가 가속기 전체에 걸쳐서 똑같이 운동하고 있다고 하자. 그러면 어떤 입자가 잘 가속되었을 때 그것보다 시간이 처져서 가속 전극에 도달한 입자는 이미 가속할 기회를 놓쳐 버린다. 가속의 주기에 잘 편승한 입자만이 살아남게 된다.

그러나 가속기에서는 가속하지 못한 입자를 그냥 버리는 일은 없다. 가속의 초기에서부터 입자를 덩어리로 모아 놓았다가 그것을 다음 가속기에 잘 전달해 준다. 이때의 덩어리를 번치(Bunch: 다발)라고 한다.

지금 가령 양성자와 반양성자가 각각 1개씩의 번치로 되어서 반대 방향으로 회전하고 있다고 하자. 이것이 어떤 장소에서 충돌하면, 그 반대쪽에서 다시 한 번 충돌이 일어난다. 2개의 덩어리이면 네 군데에서 충돌하게 된다. 가속기는 입자의 속도나 위치를 추적하면서 동일 장소에서 충돌이 일어나도록 정확히 제어되어 있다. 현대의 가속기 기술은 빛에 가까운 속도로 운동하는 소립자를 자유자재로 조작할 수 있는 것이다.

퐁뒤의 맛

5일간의 제네바 체재 마지막 날 밤, 아저씨와 성호는 제네바의 옛 거리에 있는 레스토랑 '레자뮐'에서 저녁 식사를 하기로 했다. 이 레스토랑은 레망 호수를 건너 높은 지대의 한 모퉁이에 있으며 치즈 퐁뒤가 유명하다. 야채샐러드를 곁들인 포도주는 이 지방에서 제조되는 퐁뒤(Fondue)가 좋다.

"성호도 이제 내일은 출발이군. 즐거운 유럽 여행을 축하하고, 무사 귀국을 비는 뜻에서 건배를 하자!"

"소립자 물리학의 발전을 위하여 축배를!"

두 사람은 술잔을 기울여 퐁뒤를 즐긴다. 약간 어두컴컴한 분위기 속에서 테이블 위의 촛불이 흔들리고 있었다. 벽에는 옛날 전쟁에 사용했던 창과 칼 등의 무기가 장식되어 있다. 유럽 레스토랑의 독특한 차분한 분위기이다.

"아저씨, 한 가지 더 질문해도 좋겠어요?"

"그럼 좋고말고. 어서 질문해 봐."

"전에 구경시켜 주신 세른에서는, 무척 많은 돈을 써서 소립자 물리학의 실험 연구를 하고 있는 것 같은데, 이건 도대체 우리 생

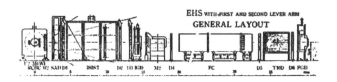

일본 그룹이 참가하고 있는 새 입자 탐색의 실험 장치

활에 어떤 이익을 주는 거예요?"

"소립자에 대하여 무엇을 알았다고 해서 그게 곧 우리 생활을 바꿔 놓거나 하는 일은 없을 거야. 하지만 이와 같은 순수 학문의 끊임없는 발전이 축적되는 동안에, 조금씩 실용화로의 길이 트이는 거야. 지금 실용화 중에 있는 원자력 발전에는 우라늄의 핵분열을 이용하고 있단다. 이 핵분열이 발견된 것은 1938년이야. 40년 이상이 지난 지금에서야 비로소 실용화로의 길이 트인 셈이야."

"그렇다면 지금의 소립자 연구의 성과도, 우리의 자식이나 손자 대에는 실용화될지 모르겠군요."

"그렇게 생각할 수 있지. 소립자 물리학은 또 공학 등 물리학 이외의 분야에도 큰 영향을 미치고 있단다. 가령 가속기에는 터널을 파거나, 무거운 전자석을 정밀하게 잘 설치하기 위한 토목, 건축의 고도 기술이 사용되고 있단다. 그 밖에도 전기, 기계, 전자 공학 등 현대 공학의 최첨단 기술이 이용되고 있으므로, 가속기의 개발이나 건설은 이러한 기술의 최전선을 더욱 전진시키게 될 거야. 그중에서도 컴퓨터는 가속기의 입자 제어나 실험 데이터의 해석(解析)에 여러 가지로 사용되고 있지. 지금 제네바의 상공에는 실험 데이터를 각국으로 전송하기 위한 인공위성도 쏘아 올려지고 있단다."

"그래요. 그런 일까지 하고 있군요. 소립자 물리학은 지구를 돌아다니고 있는 셈이군요."

"여기서 방대한 양의 실험 데이터가 얻어져서, 자기(磁氣) 테이프에 수록되는 거야. 한 가지 실험에서는 수천 개의 테이프가 만들어지는데, 이 데이터를 대형 계산기로 해석해서 물리적 내용을 끌어내는 거야. 이 해석에는 세른의 대형 컴퓨터뿐 아니라, 각 대학이나 연구소의 컴퓨터도 동원하게 돼. 우선 대학으로부터 몇 사람의 연구자가 해석을 위하여 며칠씩이나 세른에 체재하는 것은 비용도 들뿐 아니라, 여러 가지 토의를 하는 데도 불편하거든. 그래서 많은 데이터를 직접 각국으로 보내서 각 대학의 계산기를 이용하여 해석하는 거야. 그 수신(受信)에는 독일, 영국, 프랑스, 이탈리아의 대표적 연구소가 담당하게 되어 있단다."

"실험도 한 두 사람으로는 안 되겠군요."

"바로 그거야. 지금은 10개국 정도가 한 팀을 이루어 특정 테마에 대한 실험을 하고 있는 것이 상식이야. 수십 명의 연구자가 각각 분담하여, 한 가지 일을 완성시키는 독자적인 연구 체제가 이루어져 있단다. 작년부터 일본 같은 나라에서도 몇몇 대학이 실험비를 분담하여 국제 협력 연구를 시작하고 있다는 거야."

실험실 속에서 혼자 조용히 실험을 하는 그러한 연구를 상상하고 있었던 성호는, 이러한 연구 방법을 진행하고 있다는 것은 참으로 의외의 일이었다.

"그런데 넌 치즈를 좋아하니?"

"물론, 치즈 요리라면 웬만한 것은 다 먹어보고 싶어요. 서울에도 스위스 요리점이 있으니까 귀국하면 꼭 가보겠어요. 이 레스토랑의 퐁뒤는 정말 맛있어요."

"옆 테이블에 앉은 사람들이 먹고 있는 게 라클렛(Raclette)이라는 요리야. 저렇게 큰 치즈를 불에 녹여서 감자와 함께 먹는데, 저

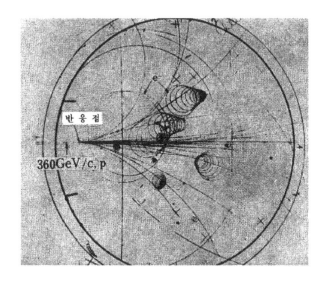

앞에서 설명한 장치로 포착한 소립자 반응

게 내가 좋아하는 거야. 한 번 먹어 볼래?"

그날 밤, 성호는 스위스 요리와 포도주에 입맛을 돋우면서 밤이 깊어가는 것도 잊으며 유럽 여행의 인상을 이야기했다. 오랜 문화와 전통을 지금도 간직하고 있는 유럽의 도시들, 티롤 지방이나 스위스 산악 지대의 아름다운 자연……. 추억의 일기장을 한 장씩 넘겨본다. 그 한 페이지에는 과학의 나라 세른의 추억이 인상 깊게 엮어져 있다.

반물질을 생성

지금까지 보아 온 것처럼 오늘날 지상에서는 가속기를 사용하여 수많은 반입자를 생성할 수 있다. 반양성자나 반중성자 등을 포함하는 반중입자, 양전자, 뮤플러스, 반뉴트리노를 포함하는 반경입자는 가속기의 에너지가 허용하는 한 어떠한 무거운 질량의 것도 만들어 낼 수 있다.

소립자의 세계에서는 반입자와 입자는 완전히 대등한 지위에 있다. 그러나 반입자를 결합시켜서 반원자나 반분자를 만드는 것은 쉬운 일이 아니다. 가령 반수소 원자를 만들려면 반양성자와 양전자를 결합시키지 않으면 안 된다. 한 가지 방법은 가속기로써 생성한 반양성자와 양전자를 축적하여 그것을 충돌시키는 일이다.

반입자를 오랜 시간 보존하려면 콜라이더와 같아 반입자를 고진공의 축적 링 속에 저장하여 두는 것이다. 지상에서는 우리는 상물질(常物質)로 둘러싸여 있다. 반물질이 상물질을 만나면 순식간에 소멸하여 버리기 때문에, 반입자를 보존하는 데는 매우 높은 진공을 준비하지 않으면 안 된다.

또 하나의 문제는 반입자 생성의 확률의 크기이다. 보통 가속기에서는 매초 1000억(10^{11})개 정도의 양성자를 가속한다. 이 양성자를 핵표적에 충돌시켰을 때, 거기서부터 생성되는 반양성자의 수는 약 10만(10^4)개 정도이다. 즉 1000억 개의 입사 양성자가 핵표적과 충돌하여, 가령 $p+p \rightarrow p+p+p+\bar{p}$와 같이 반양성자를 생성하는 것은 극히 드물다. 대부분의 입사 양성자는 아무 반응도 하지 않고 그대로 빠져나가 버리는 것이다.

이렇게 만들어진 반양성자와 양전자를 2개의 축적 링에 저장하여, 그것을 같은 방향으로 달리게 하면서 조용히 접촉시킨다. 충돌형 가속기에서의 정면충돌과 같은 맹렬한 반응이 아니고, 반양성자와 양전자의 조용한 결합을 실현하는 것이다. 반수소

반양성자-양전자의 조용한 결합

원자를 형성하기 위하여 양전자를 반양성자 주위의 회전 궤도에 가만히 얹어 놓는 것이다.

이 같이 반양성자와 양전자를 접촉시켜도 그 중의 극히 일부분만이 반수소 원자를 만들 뿐이다. 결국 반수소 원자의 생성에는 가속기가 강한 강도의 양성자선을 공급하는 것이 대전제가 된다. 또 반양성자와 양전자를 결합시키는 특별한 축적 링도 필요하다. 반수소 원자의 생성 정도에서도 이와 같은 큰 작업이 된다. 하물며 반헬륨 원자 등의 무거운 반원자를 만든다는 것은 거의 불가능한 일이다. 다량의 반물질을 만든다는 것은 더욱 어려운 일이다. 그러려면 우주 창성기 당시의 특별한 생성 메커니즘에 기대할 수밖에 없는 것이 현상이다.

그러나 반원자나 반분자의 성질은 원리적으로 원자나 분자와 동일하며 엄밀히 예상할 수 있다. 입자와 반입자의 치환에 의하여 원자와 반원자, 분자와 반분자는 서로 천이한다. 입자와 반입자의 치환에 의하여, 자연법칙이 불변한다고 하는 것은 실험적으로도 이론적으로도 확인되어 있는 일이다.

이러한 원리가 성립되어 있다면 반원자나 반분자나 반물질도 이미 물리적 흥미의 대상일 수는 없다. 그러한 것들은 조건만

갖추어지면 반드시 만들 수 있는 것이며, 그 행동에 대하여는 입자의 세계의 지식으로부터 완전히 예상할 수 있기 때문이다. 그렇다면 우주의 역사 속에서 반물질 생성의 조건이 존재하였던 것일까? 그것은 우리를 둘러싸고 있는 상물질이 어떻게 형성되어 왔는가 하는 것을 질문하는 것이기도 하다.

4장

소립자의 내부

극대와 극소

2장에서 자연에는 계층 구조가 있다는 것을 설명했다. 상물질을 계속해서 세분하면 결국은 분자에 도달한다. 또 분자는 원자→원자핵→소립자라는 보다 미소한 요소로부터 구성되어 있다는 것도 알았다.

이같이 상물질의 계층 구조와는 완전히 병렬로 반물질→반분자→반원자→반원자핵→반(소)입자라는 반물질의 계층 구조가 있다. 즉 상물질이건 반물질이건 귀착되는 곳은 소립자(반소립자)라는 계층이다. 소립자의 세계에서의 입자와 반입자의 정확한 대응이 상물질과 반물질의 거시적인 세계의 대응을 예상하는 것이다.

현재 우주에 존재하는 물질은 어느 때에 갑자기 태어난 것이 아니다. 오랜 우주의 역사 속에서 조금씩 복잡한 물질이 만들어져 왔다고 생각되고 있다. 보다 미소한 세계를 밝히려는 근대 물리학의 경향은 우주에서의 물질 형성과는 바로 반대의 길을 걸어가고 있다고 할 수 있을 것이다. 우리가 물질의 궁극 상태를 탐구하여 보다 작은 세계로 진행하는 것은 우주의 탄생일로 향하여 접근해 가고 있는 것이다.

이렇게 생각하고 보면 우주의 기원을 추구하는 것이 바로 물질의 궁극 구조의 해명에 밀접하게 관계하고 있다는 것을 알 수 있다. 반물질 우주의 형성 과정을 밝히기 위해서도 보다 미소한 세계를 해명할 필요가 있는 것이다.

오늘날 우리가 실험적으로 도달할 수 있는 최소의 영역은 소립자의 세계이다. 우주의 초기에는 소립자가 주역을 맡아 했던 때가 있었다. 이것은 어떤 모델을 가정하면 기껏 우주 탄생 후의 수초에서부터 수분의 시대라고 생각된다. 이 시대의 우주의 상태를 고에너지 물리학이 해명하려 하고 있는 것이다.

그렇다면 가장 이른 시기의 우주는 어떻게 되어 있었을까? 소립자는 어떻게 하여 태어났을까?

지금 소립자 물리학은 소립자의 하나 더 아래 계층을 밝혀 나가고 있다. 이것에 의하여 우주 개벽 때의 상황에 급속도로 다가서려 하고 있는 것이다. 우주라는 거대한 공간과 물질의 최소 단위와의 사이에 깊은 관계를 볼 수 있는 것은 참으로 흥미진진한 일이라고 말할 수 있을 것이다.

4장에서는 우선 소립자(반소립자)의 성질과 그 내부 구조를 조사하고, 다음 장에서 우주의 개벽과의 관계를 고찰해 보기로 하자.

공명 상태

경입자(輕粒子)에는 구조가 없으나 강입자는 10조 분의 1㎝ 정도의 너비를 갖는다. 이 강입자의 너비의 내부는 어떻게 되어 있을까? 내부는 완전한 공동일까, 아니면 더 복잡한 구조를 갖고 있는 것일까?

만일 강입자가 더욱 미소한 요소로부터 만들어져 있다면 그 요소의 상호 관계에 의하여 많은 종류의 강입자가 존재하게 될 것이다. 양성자와 중성자로부터 여러 가지 원자핵이 만들어지고, 그 다양한 성질이 양성자와 중성자의 다입자(多粒子) 상태로서 이해되었듯이, 강입자의 성질이 무엇인가 더 미소한 요소의 결합 상태로서 이해될 수는 없을까?

이것을 생각하는 데 있어서의 첫걸음은 오늘날 우리가 실험적으로 관측할 수 있는 가장 미소한 입자, 즉 소립자의 성질을 계통적으로 조사해 보는 일이다. 특히 강입자의 복잡하고 다양한 성질이, 강입자의 배후에 보다 기본적인 요소의 존재를 시사하고 있는 것같이 보이는 점이다.

강입자의 다양성의 하나는 많은 공명(共鳴) 상태의 존재이다. 공명 상태라는 것은 에너지(질량)가 크고 불안정한 강입자이다. 따라서 공명 상태는 여분의 에너지를 방출하여 보다 에너지가 낮은 안정한 강입자로 붕괴한다.

가령 공명 상태 델타(Δ^{++})의 질량은 1230MeV이며, $\Delta^{++} \rightarrow$ p+π^+와 같이 π^+(140MeV)를 방출하면서 양성자(940MeV)로 붕괴한다. 양성자와 π^+중간자의 질량의 합 1080MeV와 Δ^{++}의 질량 1230MeV의 차인 150MeV는 p와 π^+의 운동 에너지가 된다. 이 Δ^{++}의 예에서 알 수 있듯이 공명 상태란, 2개 이상의 소립자의 결합 상태라고 생각할 수도 있다. 이것을 왜 공명 상태라고 부르는지 그 이유를 생각해 보자.

일반적으로 2개의 파동이 잘 중합되어 그것들이 서로 보강하는 것을 공명이라 부른다. 지금 2개의 소립자를 용수철로 결부시켜 소립자의 결합 상태를 만든다. 이 소립자를 진동시켰을 때도 보통의 파동과 마찬가지로 공명이 일어나서 진동이 언제까지고 계속되는 일이 있다. 공명의 조건은 용수철의 세기(상호 작용의 세기)나 소립자의 질량으로 결정된다. 이들 조건이 갖추어지지 않으면 단순히 2개의 소립자를 가져오는 것만으로는 공명 상태가 이루어지지 않는다. 소립자를 결부시키는 용수철은 매우 짧은 시간(강한 상호 작용에서는 10^{-24}초)밖에 작용하지 않는다. 작용이 없어지면 공명 상태는 개개의 소립자로 분해되어 버린다. 이것이 공명 상태의 붕괴이다. 특정 공명 상태는 언제나 동일한 질량과 수명을 가지기 때문에 소립자의 일종이라고 생각해도 좋은 것이다.

Δ^{++}를 비롯한 공명 상태의 수명은 10^{-24}초 정도이며, 붕괴 과정이 강한 상호 작용으로 진행한다는 것을 가리키고 있다. Δ^{++}는 중입자수 플러스 1을 가지며, 붕괴 과정 $\Delta^{++} \rightarrow p + \pi^+$의 전후에서는 중입자의 보존이 성립된다.

그런데 모든 공명 상태에서는 그 반입자가 대응하고 있다. Δ^{++}의 반입자 $\overline{\Delta^{++}}$는 중입자수가 마이너스 1, 전하(電荷)가 마이너스 2이며 $\overline{\Delta^{++}} \rightarrow \bar{p} + \pi^-$와 같이 붕괴한다.

양성자와 중성자의 질량이 거의 같고, 이것을 '핵자'로서 일괄하여 다루는 것이 편리하다는 것은 앞에서 말했다. 즉 양성자와 중성자는 '핵자'의 2가지(하전이 서로 다른) 상태라고 생각하는 것이다.

델타 공명 상태에도 핵자와 마찬가지로 다른 하전 상태가 있다. 이때에는 4가지 하전 상태, Δ^{++}, Δ^+, Δ^0, Δ^-가 있으며 각각에 반입자가 대응하고 있다. 그 붕괴 과정을 입자와 반입자를 대응시켜 표기하면 다음과 같다.

$$
\begin{array}{llcll}
\Delta^{++} & \rightarrow & p + \pi^+ & \overline{\Delta^{++}} & \rightarrow \ \bar{p} + \pi^- \\
\Delta^+ & \rightarrow & p + \pi^0, \ n + \pi^+ & \overline{\Delta^+} & \rightarrow \ \bar{p} + \pi^0, \ \bar{n} + \pi^- \\
\Delta^0 & \rightarrow & p + \pi^-, \ n + \pi^0 & \overline{\Delta^0} & \rightarrow \ \bar{p} + \pi^+, \ \bar{n} + \pi^0 \\
\Delta^- & \rightarrow & n + \pi^- & \overline{\Delta^-} & \rightarrow \ \bar{n} + \pi^+
\end{array}
$$

이것으로 보면 $\Delta^+(\overline{\Delta^+})$, $\Delta^0(\overline{\Delta^0})$에는 2가지 붕괴 과정이 있다. 어쨌든 이와 같이 붕괴의 어미(델타)와 딸(핵자+파이중간자) 사이에는 입자, 반입자의 관계가 정확히 대응하고 있는 것이다.

공명 상태는 질량이나 수명이 일정하고, 고유의 양자수(量子數)를 갖는다는 점에서 소립자의 자격을 갖고 있다. Δ^{++}와 같이 중입자수가 플러스 1인 공명 상태 이외에도 많은 공명 상태가 발견되고 있다. 다음에 중간자계의 공명 상태를 개관하고, 강입자가 갖는 다양한 성질을 알아보기로 한다.

기묘한 소립자

핵자 공명과 더불어 파이(π)중간자나 케이(K)중간자의 공명 상태도 발견되었다, 가령 로우(ρ)중간자(770MeV)는

$$\rho^0 \rightarrow \pi^+ + \pi^-$$

와 같이 붕괴한다. 또 케이스타(K*)는 질량이 890MeV로서

$$K^{+*} \rightarrow K^+ + \pi^0$$

와 같이 π를 방출하면서 K중간자(496MeV)로 붕괴한다. 이같이 소립자의 수가 증가하면 과연 소립자가 진실로 '소(素)'(Elemental)인가 하는 것이 의문시된다. 자연은 단순을 좋아하며 복잡한 현상의 뒤에는 보다 단순한 요소가 숨어 있는 것이다. 원자가 전자라고 하는 한 종류의 소립자의 행동으로서 설명할 수 있고, 원자핵이 중성자와 양성자의 결합 상태로서 이해할 수 있다는 것이 이것을 말하는 것이다. 소립자의 배후에는 더욱 단순한 구성 요소가 있다고 생각하는 것은 연구의 흐름상 매우 자연스러운 일이다.

그렇다면 보다 소수의 구성 요소를 조합하여 복잡하게 보이는 소립자의 여러 성질을 설명할 수 없을까? 이럴 때에 우선하는 유효한 방법은 소립자를 몇 가지 조건에 따라서 계통적으

로 분류해보는 일이다. 이 조건이란 앞에서 말한 양자수(量子數)이다.

지금 소립자를 특징짓는 중요한 양자수로서 스핀 J, 하전 Q, 스트레인지네스 S를 취한다.

스핀은 소립자의 회전 정도를 나타내는 양자수이다. 스트레인지네스는 '기묘성'이라고 하며 약한 상호 작용에 관계된 중요한 양자수이다.

2장에서 약한 상호 작용에 의한 붕괴의 예를 몇 가지 설명했다. 이 특징은 반드시 뉴트리노(中性微子)가 생성되는 것이었다. 그 예로서

$$K^+ \rightarrow \mu^+ + \nu_\mu$$

$$\pi^+ \rightarrow \mu^+ + \nu_\mu$$

$$\mu^+ \rightarrow e^+ + \nu_e + \nu_\mu$$

가 있다. K, π, μ의 붕괴 수명은 $10^{-6} \sim 10^{-10}$초이다.

이것에 대하여 Δ^{++}나 ρ나 K^* 등의 공명 상태가 π중간자를 방출하는 붕괴 과정 $\Delta^{++} \rightarrow \rho^+ + \pi^+$, $\rho^+ \rightarrow \pi^+ + \pi^0$, $K^{*+} \rightarrow K^+ + \pi^0$에는 강한 상호 작용이 작용하고 있다. 따라서 ρ나 K^*의 수명은 10^{-24}초 정도이며, 약한 상호 작용의 수명에 비하여 극단적으로 짧다. 2장에서도 언급했듯이, 수명이 짧다는 것은 그만큼 붕괴 확률이 크다는 것을 의미하며, 상호 작용의 세기가 강할수록 수명이 짧아지기 때문이다.

그런데 여기에 기묘한 일이 생겼다. 뉴트리노를 방출하는 것은 약한 상호 작용이고, 파이중간자를 방출하는 것이 강한 상호 작용이라는 분류에 예외가 생긴 것이다. 그것은 K중간자의

붕괴

$$K^{\pm} \to \pi^{\pm} + \pi^0$$
$$K^0 \to \pi^+ + \pi^-$$

이다. 이 수명은 $10^{-8} \sim 10^{-10}$초이며, 수명에 관한 한, 이것은 약한 상호 작용에 의한 붕괴가 된다. 그런데 이 붕괴 과정에서는 뉴트리노가 생성되지 않으며, 오히려 ρ나 K^*의 붕괴에 유사하다. '파이 중간자의 방출은 강한 상호 작용이다'라고 하는 것은 반드시 성립하지 않게 되어 버렸다.

이 모순을 구제하기 위하여 $K^{\pm}$, K^0의 붕괴는, 외관상 ρ나 K^*의 강한 상호 작용에 의한 붕괴와 같은 형태를 취하고 있으나 그 붕괴 확률을 작게 하는(수명을 길게 하는) 원인이 따로 있다고 생각해 본다. 3장에서 붕괴 과정이나 충돌 과정의 전후에서는 양자수가 보존되어 있지 않으면 안 된다는 것을 말했다. 만일 양자수 보존이 깨져 있다면 그 반응은 금지되거나 매우 일어나기 어렵게 된다.

그래서 K중간자에 파이중간자가 갖고 있지 않는 양자수를 부여하여, 그것이 K→π+π라는 붕괴 과정에서 보존되지 않는다고 가정해 본다. 이것이 스트레인지네스(S)라는 양자수이다.

K의 붕괴 과정

$$K^0 \to \pi^+ + \pi^-$$
$$S = +1 \qquad 0 \qquad 0$$

의 개시 상태는 S가 플러스 1이며, 종말 상태에서는 S의 합은 0이다. 이같이 S의 보존이 깨지면 반응의 진행이 방해되어 수

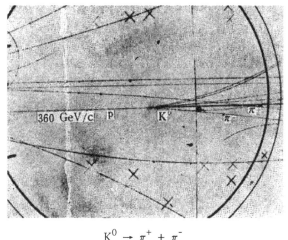

$$K^0 \rightarrow \pi^+ + \pi^-$$

명이 길어지는 것이다.

그러나 K가 관계하더라도 강한 상호 작용에서는 S가 보존된다. K^{*+}의 붕괴 과정의 예를 제시하겠다.

$$K^{*+} \rightarrow K^+ + \pi^0$$

$$S = +1 \qquad +1 \qquad 0$$

전하의 보존은 매우 높은 정밀도로서 성립되므로 전하가 보존되어 있지 않을 때는 반응이 완전히 금지되어 버린다. 그것에 대하여 스트레인지네스의 보존은 그것이 깨뜨려져 있더라도 완전히 반응이 금지되는 것은 아니다. S의 파탄에 의하여 반응의 진행이 강하게 억제되는 것이다.

스트레인지네스는 전하, 중입자수, 경입자수와 마찬가지로 입자와 반입자에서 부호를 바꾼다. K^-와 $\overline{K^0}$에는 마이너스 1을 부여하고, 그 반입자인 K^+와 K^0에는 플러스 1을 부여한다.

중간자족(中間子族)뿐만 아니라 중입자 중에도 람다(Λ), 시그마(Σ), 크사이(Ξ), 오메가(Ω) 등은 스트레인지네스를 갖고 있다. 그 수명은 모두 10^{-10}초 정도이다.

이들 스트레인지네스는 Λ와 Σ가 마이너스 1, Ξ가 마이너스 2, Ω가 마이너스 3이다. 그 반입자 $\overline{\Lambda}$, $\overline{\Sigma}$, $\overline{\Xi}$, $\overline{\Omega}$ 등은 스트레인지네스는 플러스이다. 이같이 S의 크기에 차이가 있는 것은 그 붕괴 과정을 조사함으로써 이해할 수 있다. 가령 람다의 붕괴에서의 스트레인지네스와 중입자수(B)는 다음과 같이 된다.

$$\Lambda \rightarrow p + \pi^-$$
$$S = -1 \quad 0 \quad 0$$
$$B = +1 \quad +1 \quad 0$$

크사이의 붕괴는

$$\Xi \rightarrow \Lambda + \pi^0$$
$$S = -2 \quad -1 \quad 0$$

가 되어 역시 스트레인지네스의 보존이 깨뜨러져 있다. 크사이의 스트레인지네스를 마이너스 1이라고 하면, 스트레인지네스가 보존되는 것이 되며, 강한 상호 작용과 동일한 수명(10^{-24}초)을 부여하므로 불편해진다.

오메가의 붕괴 과정은

$$\Omega \rightarrow \Xi^0 + \Pi^-$$
$$S = -3 \quad -2 \quad 0$$

에서도 개시 상태(Ω)와 종말 상태($\Xi^0+\pi^-$)의 스트레인지네스가

1만이 달라지지 않으면 안 된다. 이것으로부터 오메가의 스트레인지네스가 마이너스 3이 되는 것을 이해할 수 있다.

소립자의 분류

그러면 소립자를 스핀(J), 패리티(P), 전하(Q), 스트레인지네스(S)에 의해 분류해 보자. 우선 중간자의 경우를 생각한다. 소립자의 질량은 스핀이 높아질수록 증대한다. 그래서 제일 질량이 작은 소립자군(素粒子群)으로서 스핀-패리티(J^P)가 0^-을 가지는 것을 생각해 보기로 한다.

소립자의 세계에서는 어떤 현상을 거울에 비쳤을 때 그 현상의 우와 좌가 그대로 비쳐지는 경우도 있지만 우와 좌가 뒤바뀌는 경우도 있다. 이 두 경우를 구별하기 위하여 패리티(P)를 도입하는 것이다. 플러스-패리티는 우와 좌가 그대로 비치는 경우이고, 마이너스-패리티는 그것이 뒤바뀌는 경우이다.

$J^P=0^-$에 속하는 중간자는 π, K, η(에타), η'의 4종류이다. π는 플러스(π^+), 마이너스(π^-), 중성(π^0)의 3종류가 있고, K는 플러스(K^+), 마이너스(K^-)의 2종류의 중성입자(K^0, $\overline{K^0}$)가 있다. 하전의 차이를 고려하면 합계 9개의 소립자가 0^-에 속하게 된다. 이것을 하전(Q)과 스트레인지네스(S)의 축에 표시하면 그림과 같이 된다.

이번에는 스핀이 하나 더 위(따라서 질량도 크다)인 J^P가 1^-인 그룹을 모아 보자. 이것에는 로우(ρ), 케이스타(K^*), 오메가(ω), 파이(φ)가 속한다. 이것을 S와 Q의 평면에 표시하면 0^-의 경우와 흡사한 것을 알게 된다.

1^-의 그룹은 0^-의 그룹에 비하여 높은 질량을 갖고 있다. 하

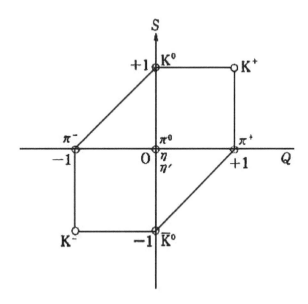

$J^P=0^-$

		질량(MeV)
파이	$\pi^\pm$	139.6
	π^0	135.0
케이	$K^\pm$	493.7
	K^0, $\overline{K}^0$	497.7
에타	η	548.8
에타 프라임	η'	957.6

$J^P=0^-$인 중간자

전 파이중간자($\pi^\pm$)와 중성 파이중간자(π^0)의 질량이 약간 차이가 있는 것은 전자기 상호 작용의 영향에서 생긴 것이라는 것은 2장에서 설명한 바 있다. $\rho^\pm$와 ρ^0, 또는 K*$^\pm$와 K*$(\overline{K^{*0}})$에서도 이러한 차이가 있을 것이지만, 실험 정밀도에서는 이것을 확인할 수 있을 정도로 좋지 않다.

이리하여 스핀, 패리티가 같은 중간자를 모으면 이것이 9개씩 조를 만드는 특징이 발견되었다. 그리고 흥미롭게도 더 다른 스핀 상태, 가령 2$^+$나 3$^-$에 대해서도 같은 그룹이 만들어지는 것이다.

중입자의 경우에는 동일한 스핀을 가진 8개, 10개 또는 1개의 조가 관측되고 있다. 제일 낮은 스핀-패리티의 $\frac{1}{2}^+$의 8개조를 살펴보자. 핵자(p, n), 시그마($\Sigma^\pm$, Σ^0), 크사이(Ξ^0, Ξ^-), 람다(Λ)가 8개의 조를 만들고 스트레인지네스와 전하의 평면 위에 중간자와 비슷한 패턴을 나타낸다.

소립자가 8개나 9개의 조를 만든다고 하는 두드러진 성질을 도대체 어떻게 설명하면 될까? 1964년 겔만(M. Gell-Mann)과 츠바이크(G. Zweig)는 다음과 같은 대담한 제안을 내놓았다.

'강입자는 중입자수가 $\frac{1}{3}$이고 전하가 $-\frac{1}{3}e$ 또는 $\frac{2}{3}e$의 3종류의 기본 입자인 쿼크로써 이루어져 있다'

여기서 e는 전자나 양성자가 갖는 전하이다.

그런데 이 3종류의 쿼크를 업(u), 다운(d), 스트레인지(s)라고 부르고, 이 u d, s를 쿼크의 플레이버(향기)라고 한다. 물론 이것에 대하여 반쿼크 $\bar{u}$, $\bar{d}$, $\bar{s}$도 존재한다. 쿼크의 세계에서도

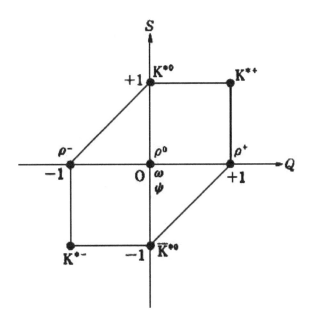

$$J^P = 1^-$$

		질량(MeV)
로우	$\rho^{\pm},\ \rho^0$	776 ± 3
케이스타	$K^{*\pm}$ $K^{*0},\ \overline{K^{*0}}$	891.8
오메가	ω	782.4
파이	φ	1019.4

$J^P = 1^-$인 중간자

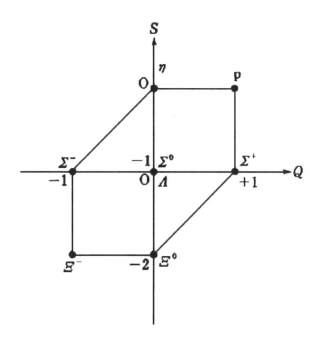

		질량(MeV)
핵자	P	938.3
	n	939.6
시그마	Σ^+	1189.4
	Σ^0	1192.5
	Σ^-	1197.3
크사이	Ξ^0	1314.9
	Ξ^-	1321.3
람다	Λ	1115.6

중입자

쿼크의 양자수

	전하	중입자수	기묘성	스핀
u	$\frac{2}{3}$	$\frac{1}{3}$	0	
d	$-\frac{1}{3}$	$\frac{1}{3}$	0	$\Big\}\ \frac{1}{2}$
s	$-\frac{1}{3}$	$\frac{1}{3}$	-1	
$\overline{u}$	$-\frac{2}{3}$	$-\frac{1}{3}$	0	
$\overline{d}$	$\frac{1}{3}$	$-\frac{1}{3}$	0	$\Big\}\ \frac{1}{2}$
$\overline{s}$	$\frac{1}{3}$	$-\frac{1}{3}$	+1	

입자와 반입자는 엄연히 대응하고 있는 것이다. 쿼크와 반쿼크에서는 전하, 중입자수, 기묘성 등이 부호를 달리하는 것도 강입자의 경우와 같다. 아래에 보인 표에 3가지 쿼크의 성질을 정리해 두었다. 이것으로 알 수 있듯이 쿼크 자신의 스핀은 1/2로 생각되고 있다.

그러면 이 3가지 쿼크로부터 중간자와 중입자를 만들어 보자. 중간자는 중입자수가 없기 때문에, 가장 간단한 조합은 쿼크(q)와 반쿼크($\overline{q}$)의 조합이다. q는 u, d, s의 어느 하나를 나타내고, $\overline{q}$는 $\overline{u}$, $\overline{d}$, $\overline{s}$의 어느 하나를 나타내는 것으로 한다. 그렇게 하면 가령 π^+을 만드는 데는 u와 $\overline{d}$를 조합하면 된다는 것을 알 수 있다. K^-는 s와 $\overline{u}$로 이루어져 있다. 이리하여 두, 셋 중간자에 대하여 위의 표를 참고하면서 그 양자수를 조사해 보면 다음 표와 같다. 그 밖의 중간자에 대해서도 쿼크의 양자수로부터 그 양자수를 잘 도출할 수 있는 것이다.

	π^+	=	u	+	$\bar{d}$
중입자수	0		$\dfrac{1}{3}$		$-\dfrac{1}{3}$
전하	+1		$\dfrac{2}{3}$		$\dfrac{1}{3}$
스트레인지네스	0		0		0
	K^-	=	s	+	$\bar{u}$
중입자수	0		$\dfrac{1}{3}$		$-\dfrac{1}{3}$
전하	-1		$-\dfrac{1}{3}$		$-\dfrac{2}{3}$
스트레인지네스	-1		-1		0
	K^0	=	d	+	$\bar{s}$
중입자수	0		0		0
전하	0		$-\dfrac{1}{3}$		$\dfrac{1}{3}$
스트레인지네스	1		0		1

중간자의 쿼크 구조

　같은 스핀-패리티의 그룹에 9개의 중간자가 속한다는 것은 3개의 쿼크 u, d, s를 도입하면 간단히 이해된다. 즉 중간자를 구성하는 쿼크와 반쿼크에는 3종류의 쿼크(u, d, s)와 반쿼크($\bar{u}$, $\bar{d}$, $\bar{s}$)가 대응하기 때문에 합계 3×3=9종류의 조합이 만들어진다. 이같이 하여 중간자에 관하여는 쿼크 모형이 큰 성공을 거둘 수 있었다.

　중입자의 쿼크 구조는 어떻게 되어 있을까? 중입자수를 플러스 1로 하기 위해서는 적어도 3개의 쿼크가 필요하다. 반입자

P	=	u	+	u	+	d
중입자수	1	$\frac{1}{3}$		$\frac{1}{3}$		$\frac{1}{3}$
전하	1	$\frac{2}{3}$		$\frac{2}{3}$		$-\frac{1}{3}$
스트레인지네스	0	0		0		0

Λ	=	u	+	d	+	s
중입자수	1	$\frac{1}{3}$		$\frac{1}{3}$		$\frac{1}{3}$
전하	0	$\frac{2}{3}$		$-\frac{1}{3}$		$-\frac{1}{3}$
스트레인지네스	-1	0		0		-1

$\overline{\Lambda}$	=	$\overline{u}$	+	$\overline{d}$	+	$\overline{s}$
중입자수	-1	$-\frac{1}{3}$		$-\frac{1}{3}$		$-\frac{1}{3}$
전하	0	$-\frac{2}{3}$		$\frac{1}{3}$		$\frac{1}{3}$
스트레인지네스	1	0		0		1

는 중입자수가 마이너스 1이기 때문에 반쿼크를 3개 조합하면 된다. 예를 보이겠다.

중입자가 3개의 쿼크(또는 3개의 반쿼크)로 만들어져 있다고 하면, 이것으로부터 3×3×3=27종류의 중입자를 만들 수 있다. 그러면 좀 전문적이 되기 때문에 그 이유는 설명하지 않겠으나, 이 27개의 중입자를 다음과 같은 그룹으로 나눌 수 있다. 그것은 10개, 8개, 8개, 1개의 중입자를 포함하는 4개의 그룹이다. 핵자(p, n), 시그마($\Sigma^{\pm}$, Σ^{0}), 크사이(Ξ^{0}, Ξ^{-}), 람다(Λ)의 8개의 중입자를 포함한 그룹이 그 한 예이다. 또 10개나 1개인 그룹도 발견되고 있다.

즉 중간자는 쿼크와 반쿼크, 중입자는 3개의 쿼크 또는 3개의 반쿼크로 구성되어 있다는 묘상에 의하여 강입자의 일반적인 성질이 잘 설명되는 것이다.

쿼크의 탐색

강입자의 내부에는 2개 또는 3개의 쿼크가 있을 것 같다는 것을 알았다. 그러나 이 단계에서는 쿼크의 존재는 어디까지나 가정일 뿐이다. 쿼크를 단체(單體)로서 강입자로부터 끄집어내어 직접 관측한 것은 아니기 때문이다.

그러면 다음과 같은 소박한 의문이 생긴다. 쿼크가 정말로 강입자의 구성 요소로서의 실체적인 존재인가, 단순히 강입자를 분류하기 위한 편의적인 사고의 산물에 불과한 것인가? 이것에 대한 가장 확실한 대답은 쿼크를 직접 우리 눈으로 확인하는 일이다. 물리학이 실증의 학문인 이상, 실재(實在)하는 것은 관측되지 않으면 안 된다. 바꿔 말하면 관측되지 않은 것의 존재를 믿을 수는 없는 것이다.

한편 쿼크가 존재한다는 간접적인 지지는 단순히 소립자의 분류에만 그치지 않는다. 소립자의 충돌 과정에서도 쿼크가 관계하였다고 생각되는 현상이 몇 가지나 발견되고 있다. 가령, 강입자끼리의 충돌에서 큰 각도로 산란되는 확률이 예상 이상으로 크다는 점이 있다. 이것은 하드론 내부의 단단하고 작은 쿼크의 입자가 맹렬하게 서로 충돌하여, 큰 각도를 가지고 산란하는 결과로 이해된다.

높은 에너지 영역(수백 GeV)에서 파이 중간자와 양성자의 산

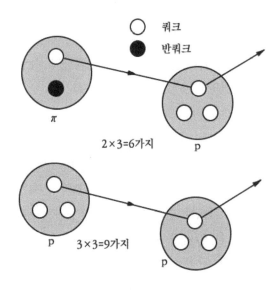

쿼크 모델로 본 π-p반응과 p-p반응

란 확률이 양성자와 양성자의 산란의 약 2/3이라는 것도 쿼크 모델을 지지하는 것이다. 즉 파이중간자는 쿼크와 반쿼크로 성립되며, 양성자는 쿼크 3개로써 성립되어 있을 터이므로, 강입자의 충돌을 그 구성 요소인 쿼크끼리(또는 쿼크와 반쿼크)의 충돌이라고 생각해 본다. 여기서 쿼크와 반쿼크의 구별을 무시한다면 파이 중간자는 2개의 쿼크, 양성자는 3개의 쿼크로 이루어져 있으므로, 파이중간자-양성자 산란에서는 쿼크끼리가 충돌할 경우의 수는 2×3=6종류가 있다. 이것에 대하여 양성자-양성자 산란에서는 3×3=9종류가 있을 가능성이 있게 된다. 따라서 파이중간자-양성자 산란과 양성자-양성자 산란의 비율이 6:9, 즉 딱 2:3이 되는 것이다.

이 같이 강입자가 관계하는 여러 가지 현상이 쿼크를 고려함으로써 무리 없이 설명된다.

분자→원자→원자핵→소립자라고 하는 미시의 세계의 계층 구조를 해명해 온 물리학의 역사를 돌이켜 보면, 소립자 다음에도 쿼크라는 보다 미소한 요소가 존재한다고 생각하는 것은 극히 자연적인 발상이라 하겠다. 그렇다면 왜 쿼크가 모습을 나타내지 않는 것일까?

'쿼크 탐색'의 실험은 지금까지 가속기나 우주선(宇宙線)을 사용하여 폭넓게 이루어져 왔다. 가속기가 만드는 고에너지 입자로써 쿼크를 두들겨 내려는 시도는 하나의 가속기가 건설되면 제일 먼저 행하여진다. 입자의 출구에 사진 건판을 놓고 쿼크의 비적(飛跡)을 직접 관측하려는 것이다.

쿼크의 전하는 소립자가 갖는 단위 전하 e의 2/3 내지 1/3이다. 충분히 높은 에너지의 하전 입자에 대해서는 건판(乾板) 위의 비적의 농도는 입사 입자의 전하의 제곱에 비례한다. 따라서 통상의 소립자(양성자, 반양성자, 파이중간자, 전자, 양전자 등)에 비하여 쿼크의 비적의 농도는 $\left(\dfrac{2}{3}\right)^2 = \dfrac{4}{9}$, $\left(\dfrac{1}{3}\right)^2 = \dfrac{1}{9}$ 이 될 것이다. 특히 $\dfrac{e}{3}$ 의 전하를 갖는 d($\overline{d}$) 및 s($\overline{s}$)의 비적은 1/9의 농도이므로 충분히 검출이 가능하다.

그런데 새로운 가속기가 만들어지고 그 에너지가 증가하여도 도무지 쿼크가 나타나지 않았다. 쿼크는 서로가 매우 강하게 결합되어 있는 것일까? 결합력을 뿌리치고 쿼크가 바깥으로 튀어나가기 위해서는, 가속기의 에너지를 더욱 크게 하지 않으면 안 되는 것일까?

과거 15년 동안에 가속기의 에너지는 한 자릿수 이상이나 증대하였다. 1950년대 후반에는 미국과 유럽에서 300억 전자 볼트(30GeV)의 2대의 가속기가 가동하기 시작했다. 지금은 페르미 연구소(미국)와 세른(스위스)에서 5000억 및 4000억 전자 볼트의 가속기가 가동하고 있다.

당시의 가속기 실험에서 쿼크가 검출되지 않는다는 것이 확실해지자 사람들은 다음 세대의 가속기에 기대를 걸었다. 더 강한 충격을 주어 쿼크의 결합을 끊을 필요가 있다고 생각한 것이다. 그리고 그 이후의 기술적인 발전에 의하여 가속기의 에너지는 서서히 증가하였고 검출기의 성능도 비약적으로 발전하였다.

이렇게 하여 또 이들 최신의 검출기를 구사하여 보다 효율적인 쿼크 검출이 시도되었다. 크기를 가진 강입자끼리를 충돌시켜 작은 쿼크의 입자를 두들겨 내는 것은 유리한 방법이 못된다. 그런 점에서 경입자는 크기가 없는 점모양의 입자이므로, 높은 에너지의 경입자를 양성자에 충돌시키면 더 효율적인 쿼크 검출이 가능할 것이라고 생각하고 있다.

세른에서는 정밀도가 좋은 비적 검출기를 사용하여 뉴트리노-양성자 충돌 실험이 행해졌다. 그리고 많은 뉴트리노-양성자 반응을 관측하였는데, 쿼크라고 생각할 만한 밀도가 얇은 비적은 아직껏 발견하지 못하였다.

양성자의 질량은 10억 전자볼트(1GeV)이다. 이 속에 있는 쿼크가 수백 GeV의 에너지를 주어도 튀어나오지 않는다는 것은 너무나 부자연스럽다. 이론적으로는 대성공을 거둔 쿼크 모형이기는 하지만, 주인공인 쿼크를 검출할 수 없다고 하는 심각한 모순을 안게 되었다.

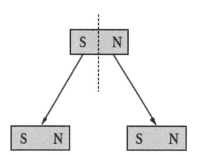

자석은 끊어도 끊어도 양단에 N극과 S극이 나타난다

밀폐된 쿼크

'쿼크는 강입자 내부에 존재하는데, 그것이 외부로는 튀어나오지 않는다'

이러한 합리적인 이론이 성립된다면 지금까지의 모순은 해결될 것이다. 실제로 우리 주변에는 이미 이러한 현상이 존재하고 있다. 그것이 즉 자석(磁石)이다.

잘 알려져 있듯이 자석에는 N극과 S극이 있다. N와 N, S와 S는 서로 반발하고 N와 S는 서로 잡아당긴다. 마치 양전하끼리 또는 음전하끼리가 서로 반발하고, 플러스와 마이너스가 서로 잡아당기는 것과 유사하다. 그런데 자기와 전기에는 매우 큰 차이가 있다. 그것은 플러스와 마이너스의 전하는 따로 따로 끌어낼 수 있으나 N와 S는 분리할 수 없다는 점이다.

여기에 1개의 막대자석이 있고, 그 오른쪽 끝을 N극, 왼쪽 끝을 S극이라고 하자. N와 S를 분리하려고 이 막대자석을 절반으로 자르면 자른 곳에 또 S극과 N극이 나타난다. 이것을 다시 절반으로 잘라도 마찬가지 현상이 나타난다. 결국 아무리

쿼크의 대각도 산란 실험 (사진: CERN)

작게 잘라도 N와 S는 언제나 쌍이 되어 나타나며 결국 한쪽 극만 단독으로는 끌어낼 수 없다.

쿼크를 결합하는 힘을 한 가닥의 끈에 비유해 보자. 1개의 쿼크를 떼어낸다는 것은 외부로부터 힘을 주어서 이 끈을 끊는 것과 같다. 고에너지 실험에서는 입사 입자와 표적 입자가 충돌하는 충격으로써 분리시키려는 것이다.

설명을 간단하게 하기 위하여 π^+중간자를 생각해 보자. 업쿼크(u)와 반다운쿼크($\overline{d}$)가 한 가닥의 끈으로 결합되어 있다고 가정한다. 그리고 자석과의 유사성으로부터 이 끈을 끊었을 때 단면에는 쿼크와 반쿼크가 나타났다고 생각하자. 이 쿼크와 반쿼크는 업, 다운, 스트레인지의 어느 것이라도 좋다. 가령 이것을 업쿼크(u)와 반업쿼크($\overline{u}$)라고 하면, π^+중간자 ($u\overline{d}$)로부터 ($u\overline{u}$)와 ($u\overline{d}$)가 발생하게 된다. ($u\overline{u}$)란 π^0중간자이며, ($u\overline{d}$)는 π^+중간자이다. 결국 π^+중간자 속의 업쿼크와 반다운쿼크를 단

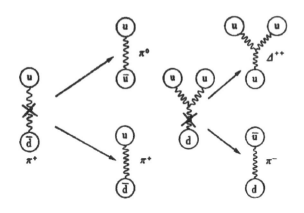

끈을 끊어도 다시 끈 끝에 쿼크가 나타난다

독으로 끄집어내려고 한 시도는 실패로 끝나고, 그 대신, π^+중간자와 π^0중간자라는 2개의 하드론이 발생한 것이 된다. 끈의 단면에 나타나는 것은 이 예에서 보다시피 업쿼크와 반업쿼크에 한정되는 것이 아니라, 가령 스트레인지쿼크와 반스트레인지쿼크이어도 좋다. 이때 원래의 업쿼크와 반스트레인지쿼크로부터 K^+중간자가, 원래의 반다운쿼크와 스트레인지쿼크로부터 K^-중간자가 발생하게 된다.

지금의 예에서는 π^+중간자에 다른 소립자를 충돌시켰으나 실제의 실험은 양성자를 표적으로 한다. 이 경우에도 끈이 끊어지는 방식은 π^+중간자의 경우와 마찬가지라고 생각할 수 있다. 양성자 속에서는 업업다운이라는 3개의 쿼크가 Y자형으로 끈으로 결부되어 있다. 여기서부터 다운을 끄집어내려고 그 끈을 끊어 보면, 역시 단면에 쿼크와 반쿼크가 나타난다. 이것이 업쿼크와 반업쿼크이었다고 하자. 새로이 발생한 업쿼크는 처음에 있었던 2개의 업과 결합하여 전하가 플러스 2인 공명 상태

델타 Δ^{++}입자(uuu)를 만든다. 새로이 발생한 반업쿼크는 처음에 있었던 다운쿼크와 결합하여 π^-중간자를 만든다. 즉 양성자로부터 Δ^{++}입자와 π^-중간자가 발생한 것이 된다. 이같이 아무리 해도 쿼크 자체를 단독으로 분리할 수 없는 것이다. 쿼크와 반쿼크가 쌍으로 되어 발생하고, 최종적으로 하드론이 되어 버리는 것이다.

불가사의한 끈

이렇게 보면 쿼크는 자석의 N극이나 S극과 같이 오히려 밀폐되어 있는 쪽이 자연적인 생태라 할 수 있다. 이 생각이 옳다면 쿼크는 영구히 튀어나오지 않게 된다. 우리는 한걸음, 한걸음 자연의 깊숙한 곳으로 들어가서, 자연의 보다 미소한 요소를 우리 손으로 관측하여 소립자의 세계, 더 정확하게는 강입자의 세계에 도달하였다. 그리하여 그 곳에 쿼크의 세계가 있다는 것을 예상하지만 쿼크 자체를 끌어낼 수는 없다. 소립자의 구성 요소로서 여러 가지 현상을 지배하면서, 모습을 나타내지 않는 쿼크, 더욱이 오늘날의 이론은 쿼크가 밀폐되어 있는 것이 오히려 정당하다고 주장하기도 한다. 그렇다면 과연 우리는 자연계의 제일 밑바닥까지 도달한 것일까? 그리고 쿼크가 자연의 궁극적인 요소라고 말할 수 있는 것일까?

도대체 쿼크를 밀폐하는 비밀은 어디에 있을까? 앞에서 말한 쿼크를 결부하고 있는 '끈'이 그 열쇠를 쥐고 있을 것 같다.

두 물체 사이에 작용하는 중력이나 전하 사이에 작용하는 전자기력(쿨롱힘)은 거리의 제곱에 반비례하여 약해진다. 가령 플러스와 마이너스의 전하가 1cm의 거리에 있을 때 이것을 떼어

놓는 힘을 10이라고 하면, 만일 전하 사이의 거리가 2배인 2
㎝가 되면 4분의 1의 힘, 즉 2.5의 힘으로 족하게 된다. 즉 두
전하가 떨어져 있을수록 그것을 떼어 놓기 쉬워진다.

　그런데 쿼크 사이의 힘은 이것과는 매우 다른 성질을 가지고
있다. 그것은 쿼크 사이의 결합력은 쿼크 사이의 거리가 증가
함에 따라서 증대하는 점이다. 즉 쿼크 사이의 거리가 떨어질
수록 그 결합력도 커져서 쿼크를 단독으로 떼어 놓을 수가 없
는 것이다. 즉 아무리 높은 에너지의 소립자로 쿼크를 충격하
여도 결국 바깥으로는 나올 수가 없는 것이다. 다시 말하면 가
령 끈이 끊어지더라도 그 끈의 단면에 쿼크와 반쿼크가 나타나
서, 결국 2개의 하드론으로 변신하는 것이다. 이때의 쿼크-반
쿼크의 출현도 에너지의 물질화이다. 쿼크 사이의 힘은 우리가
지금까지 전혀 몰랐던 불가사의한 힘인 것이다. 물론 이 힘의
성질이 완전히 이해된 것은 아니며, 그 해명에는 앞으로의 연
구에 기대할 수밖에 없다.

　그런데 이 '끈'의 실체는 글루온(Gluon, 膠着子)이라고 불린다.
글루온이라는 아교처럼 언제나 쿼크와 반쿼크에 달라붙어 버린
다는 뜻에서 이러한 이름이 붙여졌다.

　이제 지금까지의 이야기를 정리하면 다음과 같다.

　강입자는 쿼크(반워크)로 구성되어 있고, 쿼크와 쿼크(반쿼크)
사이에는 글루온이 교환되고 있다. 따라서 강입자 사이에 작용
하는 강한 힘은 쿼크와 그 사이에 교환되고 있는 글루온이라고
하는 묘상(描像)으로써 이해할 수 있다. 결국 강한 힘은 글루온
에 의하여 매개되는 것이다.

　이 설명을 그대로 연장하면, 이론적으로는 글루온의 끈만이

글루온

쿼크와 쿼크를 결합하는 글루온

모여서 이루어지는 소립자(강입자)도 예상할 수 있을 것이다. 즉 쿼크나 반쿼크를 함유하고 있지 않은 소립자이다. 이것을 글루온의 구(球), 즉 글루볼이라고 한다. 최근에 글루볼의 후보로 생각되는 중간자가 발표되었으나 아직 확증할 단계에는 이르지 않았다.

그런데 강입자는 2체(二體) 또는 3체의 쿼크에 의하여 구성되어 있다는 오랫동안의 상식이 이제 허물어지고 있는 것 같다. 쿼크 6개가 모인 다이바리온(複重粒子)도 있는 것 같다. 필자들은 4개의 쿼크와 1개의 반쿼크로 구성된 5체 쿼크의 후보를 제안하고 있다. 더욱 여러 가지 쿼크의 집합계(集合系), 즉 다체(多體)쿼크 상태가 장래에는 발견될지 모른다.

쿼크와 경입자

소립자는 강입자와 경입자라는 2개의 집단으로 나눌 수 있다고 말했다. 그리고 강입자 내부에 있는 쿼크는 아직도 그 모습을 보여 주고 있지 않다. 어쩌면 쿼크는 물질의 최종적인 요소일는지도 모른다. 만일 그렇다면 쿼크는 그 이상 분할할 수 없고, 크기가 없는 입자라고 생각해도 좋을 것이다. 물질의 궁극적인 구조를 추구해 온 인류의 꿈이 마침내 실현된 것일까?

그런데 물질의 또 하나의 구성 요소인 경입자는 크기를 갖지 않은 점모양의 입자이다. 이런 의미에서는 경입자는 처음부터 물질의 궁극적인 요소가 될 수 있는 자격을 가지고 있다.

강한 상호 작용 및 약한 상호 작용이 작용하는 쿼크와 약한 상호 작용만을 갖는 경입자. 얼핏 보기에는 매우 다른 성질의 두 입자는 정말 아무런 관계도 없는 독립된 존재일까? 아니면 자연의 가장 기본적인 요소로서 어떤 종류의 공통성을 갖고 있는 것일까? 자연을 보다 단순한 요소로 환원하여 이해한다는 입장에 서면, 쿼크와 경입자의 배후에는 좀 더 근원적인 요소가 있다고 생각해야 할 것인지도 모른다.

얼마 전까지는 4개의 경입자, 즉 전자(e^-), 전자 뉴트리노(ν_e), 뮤입자(μ^-), 뮤 뉴트리노(ν_μ)가 알려져 있었다. 물론 그것들에는 모두 반입자가 대응하고 있다. 이 4개의 경입자를 (e^-, ν_e), (μ^-, ν_μ)와 같이 2개 조로 만들어 보자. 그러면 여러 가지 소립자 반응에서는 반드시 이 2개 조가 관계하고 있는 것을 알게 된다.

가령 중성자의 베타 붕괴에서는

$$n \rightarrow p + e^- + \overline{\nu_e}$$

로 되어서 전자와 반전자 뉴트리노가 동시에 발생한다. 여기서 생성되는 것은 전자 뉴트리노이지 뮤 뉴트리노($\overline{\nu_e}$)는 아니다. 그것은 경입자수의 보존이 전자족($e^\pm$, ν_e, $\overline{\nu_e}$)과 뮤입자족($\mu^\pm$, ν_μ, $\overline{\nu_e}$)에 대하여 별개로 성립하기 때문이다. 먼저의 예에서는 개시 상태와 종말 상태도 경입자수가 제로이다. 종말 상태에서는 전자(e^-)가 전자 경입자수(L_e) +1을 가지고, 반전자 뉴트리노($\overline{\nu_e}$)가 전자 경입자수 -1을 가지기 때문에 전체로서 경입자수가 제로가 되는 것이다.

뮤입자의 붕괴에서는 전자 경입자수(L_e)와 뮤경입자수(L_μ)는 다음과 같이 된다.

$$\mu^- \rightarrow e^- + \bar{\nu}_e + \nu_\mu$$

			e^-	$\bar{\nu}_e$	ν_μ
L_e	0	=	+1	-1	0
L_μ	+ 1	=	0	0	+1

L_e와 L_μ는 반응 전후에서 보존되어 있는 것을 알 수 있다.

경입자와 마찬가지로 쿼크를 2개조로 만들어 보자. 전자(e^-)와 전자 뉴트리노(ν_e)의 전하의 차가 마이너스 1인 것에 주목하고, 그것과 마찬가지로 쿼크의 2개조를 만든다. 업(u), 다운(d), 스트레인지(s) 중 질량이 가벼운 것에서부터 2개를 골라서 (d, u)로 하면, 양자의 전하차(다운쿼크의 전하 -1/3로부터 업쿼크의 전하 -1/3를 뺀다)는 역시 마이너스 1이 된다.

그런데 뮤입자의 2개(μ^-, ν_μ)에 대하여 나머지 쿼크는 스트레인지쿼크 1개밖에 없다. 그 전하는 -1/3이므로 그것과 조를 만드는 전하 2/3의 쿼크가 필요하다. 만일 쿼크와 경입자와의 대응을 중시하면 경입자와 쿼크의 수는 일치하지 않으면 안 된다. 이러한 생각으로부터 제4번째의 쿼크로서 참쿼크(c)를 예상하게 된 것이다.

쿼크와 경입자의 이와 같은 불균형은 오랫동안 소립자 물리학의 큰 난제로 인식되어 왔다. 그런데 1974년 미국의 두 연구소, 슬랙(SLAC)과 브룩헤이븐에서 3.1GeV의 커다란 질량을 갖는 중간자, 프사이(ψ)가 발견되었다. 그 스핀 패리티는 1⁻이다. 프사이는 지금까지의 중간자와는 여러 가지 점에서 다른 성질을 가졌다. 우선 같은 스핀 패리티(1⁻)의 중간자인 로우

	경입자				쿼크	

$Q=-1$ $\begin{pmatrix} e^- \\ \\ \nu_e \end{pmatrix}$ $\begin{pmatrix} \mu^- \\ \\ \nu_\mu \end{pmatrix}$ $Q=-\dfrac{1}{3}$ $\begin{pmatrix} e \\ \\ u \end{pmatrix}$ $\begin{pmatrix} s \\ \\ c \end{pmatrix}$

$Q=0$ $Q=\dfrac{2}{3}$

경입자와 쿼크의 2개조

(0.76GeV)에 비하면 그 질량(3.1GeV)이 4배나 크다.

3개의 업, 다운, 쿼크가 핵자(0.94GeV)를 구성하고 있다고 하면 업과 다운쿼크의 질량은 대충 0.3GeV(300MeV)라고 생각하면 될 것이다. 이것은 업, 다운 2개로부터 만들어지는 로우의 질량 0.76GeV가 거의 업, 다운의 질량의 배로 되어 있다는 사실로부터도 이해될 수 있다. 이것에 대하여 스트레인지 쿼크는 약간 무거우며 약 0.45GeV이다.

프사이의 질량 3.1GeV는 업, 다운, 스트레인지를 2개 조합한 것으로서는 너무나 무겁다. 그 밖에 프사이의 붕괴 성질 등을 고려하면, 아무래도 종래의 3개의 쿼크, 업, 다운, 스트레인지를 조합해서는 그 성질을 설명할 수가 없는 것이다.

매혹과 미의 쿼크

이리하여 프사이를 설명하기 위하여 제4의 쿼크, 참쿼크(c)가 도입되었다. 이것은 이론의 요청과도 부합된다.

프사이는 참(c)과 반참($\bar{c}$)이 결합한 새로운 중간자라고 생각하는 것이다. 마침내 오랫동안 대망하던 제4쿼크가 발견된 것이다. 그 후의 실험에 의하면 참쿼크의 전하는 2/3라는 것도 확인되었다.

참은 스트레인지와 더불어 2개조 (s, c)를 만든다. 이리하여 (e⁻, ν_e), (μ^-, ν_μ)라는 경입자의 2개조에 대하여 (d, u), (s, c)라는 쿼크의 2개조가 완성하여, 경입자와 쿼크가 완전히 대응하게 된 것이다.

그런데 이것으로 안심할 틈도 없이 1975년에는 새로운 경입자, 타우(τ)가 발견되었다. 타우는 1.7GeV의 질량을 가지며 전자나 뮤입자에 비하여 매우 무겁다. 타우에는 타우 뉴트리노(ν_τ)가 대응하고 있을 것이므로 경입자는 합계 6개로 되었다. 여기서 다시 경입자와 쿼크의 대응에 불균형이 생기고 말았다. (τ^-, ν_τ)가 발견된 이상 제5, 제6의 새로운 쿼크가 존재할 필요가 있다. 경입자와 쿼크의 대응이 정말로 성립되어 있다면 u, d, s, c에 이은 쿼크가 적어도 2개는 있어야 한다.

이와 같은 예상이 물리학자를 새로운 쿼크의 관측으로 몰아세웠다. 그리하여 1977년 레더만(L. Lederman)이 질량 9.1GeV의 새로운 중간자를 발견하였다. 그들은 이것을 입실론(Υ)이라고 명명했다. 입실론은 프사이의 3배의 질량을 갖고 있다. 이것도 역시 그 때까지 발견된 4개의 쿼크로는 설명하기 어렵다. 이리하여 입실론은 제5의 쿼크, 뷰티(美)쿼크(b)와 그 반쿼크($\bar{b}$)의 결합상태라고 해석되었다[뷰티쿼크는 보톰(底)쿼크라고도 불린다].

그 후 프사이와 입실론 계열에 속하는 중간자가 다시 몇 개 발견되었다. 이리하여 경입자의 뒤를 쫓아서 u, d, s, c, b라고 하는 5개의 쿼크가 발견된 것이다. 나머지 하나는 b와 2개조를 만들 '진짜' 쿼크, 톱쿼크(Top: t)—이것을 토울쿼크라고도 한다—의 발견이다. 그러나 현재의 전자-양전자 충돌형 가속기가 도

<table>
<tr><td></td><td colspan="3" style="text-align:center">경입자</td><td></td><td colspan="3" style="text-align:center">쿼크</td></tr>
</table>

경입자   쿼크

$$Q=-1 \quad \begin{pmatrix} e^- \\ \\ \nu_e \end{pmatrix} \begin{pmatrix} \mu^- \\ \\ \nu_\mu \end{pmatrix} \begin{pmatrix} \tau^- \\ \\ \nu_\tau \end{pmatrix} \quad Q=-\frac{1}{3} \quad \begin{pmatrix} d \\ \\ u \end{pmatrix} \begin{pmatrix} s \\ \\ c \end{pmatrix} \begin{pmatrix} b \\ \\ (t) \end{pmatrix} \quad Q=\frac{2}{3}$$

경입자와 쿼크의 쌍의 대칭성으로 보면 t쿼크가 있을 것이다.

달할 수 있는 최고 에너지 30GeV까지에는 톱쿼크가 나타나지 않고 있다. 앞으로 건설될 가속기가 목표로 하는 것의 하나가 톱(t)과 그 반입자($\bar{t}$)로부터 만들어지는 중간자($t\bar{t}$)를 발견하는 일이다. 여러 가지 이론은 ($t\bar{t}$)의 질량으로서 30GeV에서부터 50GeV 정도를 예상하고 있다.

지금까지 발견된 5개의 쿼크의 성질로나 경입자와의 대응을 생각하면 톱쿼크는 조만간 발견될 것이 틀림없다. 그렇다면 도대체 쿼크는 몇 개가 있는 것일까? 어떤 이론에 의하면 쿼크의 수는 17개까지 허용된다고 한다. 경입자도 더 그 수가 증가할 것이라고 한다.

이같이 쿼크나 경입자가 많아지면 도대체 이것들이 정말로 물질의 궁극적인 요소일까 하는 의문이 생긴다. 최근에는 쿼크를 구성하는 더욱 작은 요소가 있다는 이론도 나오기 시작하고 있다.

쿼크의 향기와 색깔

앞에서 말했듯이 쿼크 또는 경입자의 종류를 '향기'라고 한다. 지금까지 쿼크에 대해서는 5종류의 향기(u, d, s, c, b), 경

입자에 대해서는 6종류의 향기(e^-, ν_e, ν_μ, τ^-, ν_τ)가 발견되고 있다.

그러나 쿼크에는 향기와 더불어 또 하나의 '색깔'이라는 중요한 성질이 있다. 색깔의 필요성을 설명하기로 한다. 지금 3개의 같은 쿼크로 만들어지는 중입자를 생각하기로 한다. 가령 델타 Δ^{++}(u u u)나 오메가 Ω^-(s s s)의 스핀은 3/2이며, 이것은 스핀 1/2의 u나 s가 같은 방향으로 3개가 늘어서 있는 것을 뜻한다. 그런데 양자 역학의 세계에서는 '파울리의 배타율(排他律)'이라는 대원칙이 있다. 이것은 스핀 1/2의 입자가 몇 개 있을 때 그것들은 같은 상태를 취할 수가 없다'고 하는 것이다. Δ^{++}의 경우, 이것을 구성하는 3개의 업쿼크는 어느 것도 다 스핀이 평행이며, 향기와 스핀에 관하여는 완전히 같은 상태이다. 이것은 파울리의 원리에 반하는 것이 된다.

이러한 곤란을 피하기 위하려면 Δ^{++}에 포함되는 3개의 업쿼크를 구별하는 새로운 양을 준비하면 된다. 이것이 '색깔'이다. 즉 3개의 업쿼크에 적, 청, 녹색의 빛의 3원색에 대응하는 색깔을 부여하는 것이다. 적색의 업, 청색의 업, 녹색의 업으로 하여, 3개의 업을 색깔로 구별하면 그것들은 다른 상태를 취하는 것이 되어 파울리의 원리에 위반하지 않는다. 마찬가지로 오메가 Ω(s s s)에 대해서도 3개의 스트레인지쿼크가 다른 색깔을 갖는 것으로 하는 것이다.

잘 알려져 있듯이 빛의 3원색을 합치면 색깔이 사라진다. 이 관계를 쿼크의 '색깔'에도 그대로 적용해 보자. 오메가나 델타의 예에서 알 수 있듯이, 중입자를 구성하는 3개의 쿼크는 서로 다른 색깔을 갖는다. 따라서 중입자 자신은 언제나 무색 상

$$J = \frac{3}{2} \qquad J = \frac{3}{2}$$

파울리의 배타율에서는 $\varDelta^{++}$나 $\varOmega$를 금지한다

태가 되며 색깔은 관측되지 않는 것이다.

중간자의 색깔은 어떻게 되는지 π^+중간자의 예로서 조사해 보자. π^+중간자는 업과 반다운으로 이루어져 있다.

업에 주목하면, 그것은 적, 청, 녹이라는 3색을 취할 수 있다. 그래서 업이 적색일 때 반다운은 적색의 보조색(반적=‘$\overline{적}$’으로 적는다)이라고 생각한다. 따라서 업과 반다운의 색깔을 합치면 무색이 된다. 업이 녹색이면 반다운은 녹색의 보조색이며, 업이 청색이라면 반다운은 청색의 보조색이 된다. 중간자도 또 중입자와 마찬가지로 무색이 된다. 즉 우리가 관측하는 소립자는 모두 무색이며 쿼크의 색깔은 결코 관측할 수 없는 것이다. 쿼크의 밀폐를 색깔을 도입하여 교묘히 설명한 셈이 된다. 향기는 쿼크와 경입자에 공통된 개념이지만, 색깔만은 쿼크의 고유의 개념인 것이다.

쿼크의 색깔의 필요성을 강하게 지지하는 또 하나의 현상이 전자-양전자의 소멸 실험에 의하여 얻어지고 있다. 전자와 양전자의 소멸은 우선 중간 상태로서 빛이 만들어지고, 그것이 종말 상태로 붕괴한다고 하고서 이해할 수 있다는 것을 2장에서 설명했다.

그래서 빛의 중간 상태가 μ^-와 μ^+로 붕괴할 경우와 강입자로

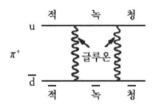

π⁺중간자의 색깔 교환

붕괴할 경우를 생각하기로 한다. μ^-와 μ^+는 경입자이며, 말하자면 점모양의 입자이다. 앞에서 말한 논의로부터 알 수 있듯이, 경입자와 대비되어야 할 입자는 강입자(중입자와 중간자)가 아니라 쿼크이다. μ^-, μ^+ 발생을

$$e^- + e \rightarrow \gamma \rightarrow \mu^- + \mu^+$$

와 같이 생각한다고 하면 강입자의 생성에 대해서도 우선

$$e^- + e \rightarrow \gamma \rightarrow q + \bar{q}$$

와 같이 쿼크(q)와 반쿼크($\bar{q}$)가 발생한다고 생각하는 것이 합리적이다. 그 후에 쿼크와 반쿼크의 쌍이 잇달아 발생하고, 최종적으로 강입자가 방출되는 것이라고 하는 것이다.

q, $\bar{q}$ 발생과 μ^-, μ^+ 발생의 반응 확률의 비를 R로써 적는다. 즉

$$R = \frac{(e^- + e^+ \rightarrow \gamma \rightarrow q + \bar{q} \rightarrow \text{하드론})}{(e^- + e^+ \rightarrow \gamma \rightarrow \mu^- + \mu^+)}$$

이다.

자세한 계산에 의하면 R은 모든 쿼크의 전하의 제곱을 모든

상태에 대해서 보탠 것이 된다. 참쿼크가 발생하지 않는 3GeV 이하에서는 u, d, s만을 생각하면 되고, 그 전하의 제곱은

$$R = \left(\frac{2}{3}\right)^2 + \left(\frac{-1}{3}\right)^2 + \left(\frac{-1}{3}\right)^2 = \frac{2}{3}$$

이다. 그런데 실험값은 약 2가 되어 2/3보다 훨씬 크다. 만일 쿼크가 3가지 색깔을 갖는다고 하면 쿼크의 다른 상태는 다시 3배가 된다. 그러면 (2/3)×3=2가 되어 실험값과 잘 일치하는 것이다.

쿼크의 세계는 향기와 색깔의 세계이다. 쿼크와 반쿼크는 향기와 색깔에 관해서도 대등한 권리를 갖고 있다. 지금까지 살펴보았듯이 쿼크의 성질은 이론과 실험의 양면으로부터 비교적 상세하게 조사되어 왔다. 이론의 예상과 실험 결과는 잘 일치되는 것처럼 보이나, 한편에서는 아직도 미해결인 문제가 많다.

쿼크와 반쿼크는 진정 그 모습을 나타내지 않을 것인가? 우주 창성기에서의 반물질 세계의 형성에 대하여 쿼크와 반쿼크는 어떤 역할을 하였을까? 쿼크나 경입자의 배후에는 더욱 기본적인 입자가 존재하는 것일까?

이러한 현대 물리학의 최첨단 문제는 지금 이론과 실험의 양면에서 정력적으로 조사되고 있다. 물론 우리는 그러한 질문에 대하여 아직 확실한 해답을 갖고 있지 않다. 다음 5장에서는 이러한 문제에 대한 하나의 입장을 생각해 보기로 하자.

5장
우주 속의 반물질

우주의 달력

우주의 개벽을 말하기 전에 지금까지 우주에서 일어난 주요한 사건을 살펴보자. 우주의 역사는 놀라울 만큼 오래다. 한마디로 100억 년이라고 하지만, 그것은 우리의 직감적인 이해를 넘어서는 세월이라 하겠다. 우주의 장대한 역사에 비하면 우리 인류의 역사는 너무나 짧기 때문이다.

그래서 우주에서 흘러간 시간을 보다 우리와 가깝게 파악하기 위하여 우주의 역사를 1년으로 단축하여 생각해 보자.

현재의 우주의 나이를 약 150억 년이라고 하면 150억 분의 1로 단축한 달력을 만들 수 있다. 이 달력의 1개월은 12.5억 년, 1일은 4200만 년, 1시간은 174만 년에 해당한다. 그러나 이 우주 달력은 우리가 뒤에서 문제로 삼으려는 초단(超短)시간, 즉 우주 탄생 후의 몇 초 동안을 적어 넣기에는 적당하지 않다. 이것에 대해서는 뒤에서 다시 언급하기로 하고, 여기서는 좀 더 우리와 친숙한 사건들을 들어보기로 하자. 다만 이제부터 다룰 우주의 사건이 발생한 시기는 그다지 명백히 결정되어 있는 것은 아니다. 우주 생성의 대체적인 예상을 얻기 위한 시도라는 것을 미리 양해해 주기 바란다.

우주의 탄생일을 1월 1일 오전 0시로 한다. 우주 개벽 직후는 극도의 고온, 고압 상태였다. 이 속에서 소립자가 태어나고, 그것들이 결합하면서 보다 복잡한 원자핵과 원자가 만들어졌다. 그리고 원소의 합성이 진행되고 차츰 물질이 형성되었다. 물질은 가스로 바뀌고 우주 공간을 가득히 채워간다.

이 가스의 밀도의 작은 진동이 계기가 되어 균일한 가스 자기 중력(重力)으로 수축하여 거대한 가스 덩어리가 되어 은하가 형성되었다.

은하의 형성에 관해서는 물론 다른 주장도 있다. '우주의 초기는 원시 소용돌이로 충만되어 있었고, 이것이 후에 은하로 발전했다'는 난류기원설(亂流起源說)이 그것이다. 하지만 은하의 기원에 관해서는 지금도 아직 정설이 없는 상태이다. 어쨌든 은하계의 탄생은 우주 달력에서는 3월 1일에 해당한다.

그 후, 은하 안의 성간 가스가 서로 충돌하여 소용돌이를 만드는 동안에 물질의 밀도에 짙고 연한 얼룩이 성장한다. 이리하여 성간 가스는 수많은 덩어리로 수축하며 원시별이 태어난다. 원시별은 무거운 것으로는 태양의 수십 배, 가벼운 것도 그 10분의 1정도로서, 태양의 수십 배로 퍼진 차고 어두운 가스의 덩어리에 불과하다. 원시별은 이윽고 자기 자신의 중력에 의해서 서로 잡아당기면서 작게 짜부라진다. 중력의 에너지는 열에너지로서 별의 중심부에 축적된다.

이리하여 별의 내부는 서서히 고온, 고밀도로 되어 간다. 중심부가 수천만도에 달하자 수소의 융합 반응이 시작되고 헬륨 핵이 만들어진다. 이 때 원자 에너지는 열과 빛으로서 방출되고 원시별이 아름답게 빛난다. 태양은 이러한 별의 하나이다. 태양계의 원형이 만들어진 것은 9월 9일경이다.

지구는 9월 14일에 탄생한다. 이 무렵의 지구는 현재 우리가 바라보고 있는 바다, 산, 강이 있는 지구와는 전혀 달랐다. 중력에 의하여 수축된 가스는 지구 내부에 열을 축적하여 균온의 가스와 수증기가 분출한다. 그것이 식고 굳어져서 조금씩 지표가 형태를 만들기 시작한다. 지각이 형성된 것은 지구 탄생 후 1개월 이상을 지나고서부터이다.

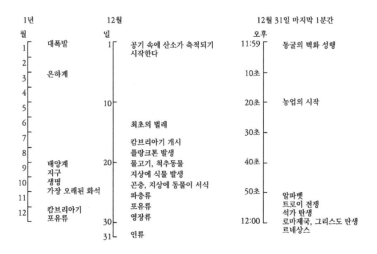

우주 달력

대기와 해양이 생기기 시작하자 지표는 차츰 온화해지고 생명이 나타날 환경이 갖추어진다. 현재 알려진 가장 오랜 생물의 흔적은 남로데시아(현재의 짐바브웨)의 석회암 속에서 발견된 조류(藻類)이다. 즉 생명의 탄생일은 9월 25일에 해당한다.

지금으로부터 10억 년 전, 12월 17일경이 되자 생물의 활동이 급격히 활발해진다. 이른바 캄브리아기로 일컫는 시기이다. 생물의 눈에 띄는 활동은 우주 달력의 마지막 1개월에 들어가서 겨우 시작되었다. 12월 24일이 되자 공룡 시대로 들어갔고, 26일에는 포유류가 나타난다. 최초의 영장류(靈長類)가 나타난 것은 12월 29일이 되고서다.

우주 달력의 마지막 하루도 끝날 무렵 겨우 인류가 나타나서 활동하기 시작한다. 최초의 인류는 12월 31일 오후 10시 30분에 탄생하는데, 베이징 원인(北京原人)은 오후 11시 46분에 나타난다. 11시 59분 20초에는 농경 시대가 시작되고, 55초에는 석가(釋迦)가 탄생한다. 유럽에서 르네상스가 일어난 것은 실로 11시 59분 59초경의 일이다.

이 마지막 1초 동안에 인류의 문화, 특히 자연 과학이 급격한 발전을 이룩하여 인류는 우주로 뛰어나오게 되었고, 인공적으로 새로운 생명을 만들어 낼 수 있게 되었다.

이렇게 보면 1년이라는 우주의 역사 가운데서 인류의 근대적인 문화 활동은 불과 최후의 1초 동안에 이루어진 것에 불과하다는 것을 안다. 우주의 역사의 광대함에 새삼 놀라게 된다. 우주 달력의 마지막 1초에 살고 있는 우리는, 우주가 시작되는 처음 1초 동안의 그 몇 만 분의 1의 시간을 문제로 삼으려 하고 있는 것이다.

우주 달력의 최후의 순간에 인류가 획득한 미시 세계에 대한 지식을 바탕으로 우주 창성기의 상황을 그려내는 것이다. 이것으로써 '인류는 여기까지 자연을 해명해 왔노라 하고 자만할 수 있을까? 그러기에는 끝없는 우주의 심오함을 앞에 두고 우리는 너무도 교만하지 않나 하는 생각이 든다.

우주의 대폭발

우주 개벽은 약 150억 년 전이라고 생각되고 있다. 까마득한 태곳적 사건을 토론하려면 여기에는 많은 불확실한 요소가 끼어드는 것은 피할 수 없는 일이다. 어쨌든 우주 창조에 관하여 여러 가지 꿈을 담은 상상을 해 보는 것은 즐거운 일이다. 여기서는 다소 엄밀성이 결여되는 점을 두려워하지 않고, 또 지나치게 상식에 구애 되지 않고서, 우주 창조와 반물질 세계의 형성을 설명해 보기로 한다.

지금까지 여러 번 설명했듯이, 현재 널리 받아들여지고 있는 사고방식은 가모브(G. Gamow)가 제창한 '대폭발 모형(Big Bang) 이다. 이것은 '약 150억 년 전에 전체 우주는 작은 공만 한 공간에 밀폐되어 있었고, 이것이 대폭발에 의하여 사방으로 확장하여 오늘의 우주가 형성되었다'고 하는 주장이다. 이 입장에 따르면 현재도 우주는 매우 빠른 속도로 계속하여 확대되고 있다는 것이 된다.

'폭발과 그것에 이어지는 팽창'이라고 하는 우주상(像)을 지지하는 중요한 실험적 발견이 1929년 허블(E. D. Hubble)에 의하여 이루어졌다. 그것은 '우주에 존재하는 모든 은하는 우리로부터의 거리에 비례한 속도로써 후퇴하고 있다'는 것이다. 더욱이 이것은 관측자가 어떠한 은하에 있는가에 의존하지 않는다고 한다.

이것을 풍선의 팽창을 예로 들어 생각해 보자. 풍선은 이 상적인 구형이라고 생각한다. 그 표면에 3개의 점 A, B, C를 표시한다. 풍선이 팽창하면 A, B, C는 서로 멀어진다. A로부터 B와 C가 떨어져 나가는 속도는, B로부터 A와 C가 멀어지는 속도와 같다. A, B, C 어느 지점에서 보더라도, 다른 두 점은 서로 같은 속도로 멀어져 가는 것이다.

풍선이 반지름 1m가 되었을 때, 반지름 50㎝의 장소에 떠 있는 작은 먼지 D를 생각한다. 지금 풍선 내부의 공기가 균일하게 바깥쪽으로 향해서 팽창하고 있다고 하자. 그러면 풍선의 팽창과 더불어 먼지도 바깥쪽으로 움직인다. 풍선 표면이 반지름 2m가 되었을 때, 먼지는 그 절반, 반지름 1m의 위치에 온

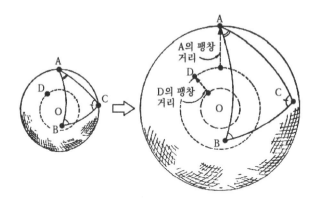

풍선이 팽창할 때 표면에 있는 A, B, C는 서로 같은 속도로써 멀어져 간다.
표면 A의 팽창 거리에 비해서 내부 D의 팽창거리가 작다

다. 즉 A, B, C의 팽창 속도에 비하여 먼지의 속도는 절반이
다. 이리하여 A와 먼지 D의 상대 거리는 풍선의 팽창과 더불
어 증대한다. A로부터 보면 먼지가 먼지로부터 보면 A가 서로
멀어져 가는 것처럼 보이는 것이다.

 은하가 후퇴하는 속도는 거기서부터 발하는 원자 스펙트럼의
적색편이(赤色偏移)를 측정하여 결정된다. 적색편이의 원인은 이
른바 '도플러 효과' 때문이라고 생각하고 있기 때문이다. 도플
러 효과란 우리에게 접근하는 자동차의 경적이 높은 소리로 들
리고, 멀어져 가는 경적은 낮은 소리로 들린다는 것이며, 그 효
과는 일상적으로 체험하고 있는 것이다. 소리는 진동하는 파동
인데 소리가 높은 쪽으로 쏠리는 것은 진동수가 증가한다는 것
을 뜻한다. 바꿔 말하면 도플러 효과란 '음원(音源)이 관측자에
게 접근할 때는 진동수가 증가하고, 멀어질 때에는 진동수가
감소한다'는 것이다. 그러므로 진동수의 변화를 관측하여 음원
의 속도를 알 수 있다.

142

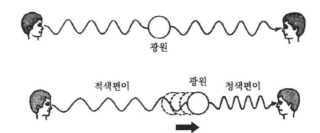

도플러 효과. 같은 광원으로부터 나오는 빛이라도, 광원이 이동하면 스펙트럼이 처진다. 즉 광원이 관측자에게 접근할 때는 진동수가 증가하고(청색편이), 멀어질 때는 진동수가 감소한다(적색편이)

어떤 원자로부터 발생하는 빛은 그 원자 고유의 진동수를 갖고 있다. 한편 붉은 빛이라는 것은 보라색 빛에 비하여 에너지가 낮다. 즉 진동수가 작다. 적색편이란 원자 스펙트럼이 진동수가 작은 쪽으로 쏠리는 것이다.

그래서 소리의 경우의 유추로부터 은하의 원자 스펙트럼의 적색편이를 '도플러 효과'라고 해석해 본다. 데이터는 '먼 별이 내는 빛일수록 적색편이가 크다'는 것을 가리키고 있다. 즉 멀리 있는 별일수록 더 빠르게 후퇴하고 있다는 것이 된다. 이것은 앞에서 말한 풍선의 예와 비슷한 상황이라는 것을 알 수 있다. 풍선의 공기를 빼면 그것이 한 점으로 수축하는 것처럼, 시간의 흐름을 역전시켜 우주의 창성기로 되돌아가면 우주도 또한 점으로 수축되는 것을 뜻한다. 어떤 은하까지의 거리를 그 은하의 후퇴 속도로서 나누면, 우주가 한 점으로 수축해 있던 시점까지의 시간을 추정할 수 있다. 이렇게 해서 얻은 우주의 나이가 약 150억 년이 되는 것이다.

이 150억 년 동안에 빛이 달려간 거리는 150억 광년이다.

150억 광년이라는 것은 10^{23}km에 해당한다. 만일 우리가 150억 광년의 저쪽에서부터 달려 온 빛을 관측하였다고 하면 그것은 우주 창성기에 방출된 빛이다. 사실 우주 속에는 대폭발 시대의 흔적이라고 생각되는 저에너지의 빛(마이크로파)이 날아다니고 있는 것이다.

적열 지옥

폭발 우주의 입장에 의하면, 우주 개벽의 시점에서는 매우 고밀도 상태가 실현되고 있었다. 공만 한 공간에, 현재 우주에 존재하는 모든 물질이 압축되어 있었다. 지구도 태양도 은하도 모든 물질을 그렇게 작은 공간에 밀폐했다고 하면 도대체 어떻게 되는 것일까? 상상조차 하기 어렵다.

현재의 우주의 평균 온도는 약 절대 3도(3K: -270℃)이다. 그렇다면 우주의 시초로 향해서 시간을 역전시켰을 때, 온도가 어떻게 변하는가를 생각해 보자.

지금, 우주 공간에 무수한 작은 난로가 떠돌아다닌다고 가정하자. 이 난로가 열원(熱源)이 되어 우주의 온도가 결정된다. 난로의 수를 줄이지 않고서 공간의 너비를 축소하면 우주의 온도는 올라간다. 같은 난로로 5평짜리 방과 2.5평짜리 방을 따뜻하게 하는 것을 생각하면 이것은 쉽게 이해할 수 있을 것이다.

고체에 열을 주면 그것을 구성하고 있는 분자의 운동이 맹렬해진다. 그리고 고체의 형상이 허물어지고, 이윽고 분자는 분해되어 가스로 변한다. 더욱 열을 가하면 원자는 그 결합력을 뿌리치고 제멋대로의 운동을 시작하여 분자라는 상태가 없어진다. 이윽고 온도의 상승과 더불어 원자핵에 결합되어 있던 궤도 전자가 분리한다. 이것이 이른바 이온화 현상이다. 이 같이 외부로부터 열을 가해 가면 불질이 분해하고, 불질의 보다 미세한 요소가 튀어 나오는 것이다.

전자는 전기적인 힘에 의하여 원자핵 주위로 끌어 당겨지고 있다. 이때의 결합의 세기는 통상 결합 에너지로서 나타내어진다. 가령 수소 원자로부터 전자를 1개 제거하기 위한 결합 에너지는 약 14전자볼트이다. 반대로 외부로부터 이만한 에너지를 주면 전자가 튀어나오게 된다.

열이라는 것은 에너지의 일종이다. 불로 물을 끓여서 터빈을 돌려 전기를 발생시키는 데는, 열에너지를 기계 에너지로 변환하여 그것을 다시 전기 에너지로 바꾼 것이 된다.

어떤 온도의 기체는 그 온도에 비례한 에너지를 갖는다. 온도와 전자볼트의 관계를 구하면, 1전자볼트(1ev)가 절대 온도로 약 1만도에 대응하고 있다는 것을 알 수 있다. 따라서 수소 원자의 결합 에너지 14전자볼트는 14만 K에 대응한다. 이보다 높은 온도가 되면 전자는 분리되어 이온화가 일어난다.

그런데 우주가 매우 작았던 대폭발 직후에는 매우 고온의 적열 지옥(赤熱地獄)이라고도 할 만한 시기가 있었다. 그 고온 때문에 소립자가 석출(析出)되고, 물질은 물론 원자나 분자조차도 아직 형성되지 않았던 시대이다. 우주의 팽창과 더불어 온도가 내려가자 소립자가 결합하기 시작하여 여러 가지 원자핵이 합성된다. 다시 전자가 원자핵에 포착되어 원자가 형성된다. 이리하여 '시간의 경과와 더불어 단순한 요소(소립자)로부터 복잡한 물질이 형성되었다고 생각하는 것이 대폭발(Big Bang) 우주론'의 입장이다.

처음 100만 분의 1초

우주의 초기를 개관하기 위하여 크게 세 시대로 나누어 생각하기로 하자.

제1단계는 폭발 후 약 100만 분의 1초(10^{-6}초) 보다 앞선 시대, 제2단계는 그로부터 3분을 경과할 때까지의 시대, 제3단계는 그 이후의 여러 가지 원소가 합성되는 시대로 한다.

폭발 후 100만 분의 1초를 경과하였을 때, 우주의 온도는 약 10조 도(10^{13}K)로 되어 있었다. 이 온도는 10억 전자볼트(10^9eV=1GeV), 즉 핵자의 질량에 해당한다. 태양의 중심에서조차 1500만 도(10^7K)이며, 그것을 훨씬 능가하는 고온이 실현되어 있었다.

이보다 이전의 더욱 고온인 단계에서는 원자핵조차도 그 구성 요소인 양성자와 중성자로 분리되어 있었다. 여기서는 핵자와 반핵자, 전자와 양전자, 뉴트리노와 반뉴트리노 등의 입자와 반입자가 혼재해 있다. 핵자와 반핵자가 소멸하여도 온도가 충분히 높기 때문에 곧 핵자와 반핵자가 발생한다. 이리하여 발생과 소멸을 반복하는, 이른바 열평형 상태가 실현되어 있었다.

현재의 우주의 평균 온도인 절대 3도(3K)에 비하여 10조 배나 가까이 온도가 높다. 따라서 우주의 크기는 현재의 10조 분의 1 정도라고 생각해도 될 것이다. 이 작은, 더욱 이 고온, 고압의 우주공 속에 수많은 소립자가 붐비며 웅성대고 있었던 것이다.

그런데 제1단계로부터 제2단계로 들어가면서 온도가 내려가자, 이미 핵자나 반핵자를 생성할만한 에너지를 공급할 수 없게 된다. 이렇게 되면 핵자와 반핵자가 쌍소멸에 의하여 급격하게 감소한다. 좁은 공간 속에 핵자와 반핵자가 밀폐되어 있으므로 쌍소멸의 확률도 높다.

이리하여 온도가 10억 도(10^9K) 이하가 되자, 핵자와 반핵자, 전자와 양전자의 소멸이 종료된다. 만일 그때까지 엄밀하게 같은 수의 입자와 반입자가 존재하고 있었다면, 우주 개벽 후 1초도 되기 전에 그것들은 완전히 소멸하고, 우주는 물질도 제로의 세계로 되어 있었을 것이다. 즉 중입자수도 경입자수도 제로인 세계가 나타나 있었을 것이다. 그리고 오늘날의 우주는 소멸에서 발생한 광자 또는 상호 작용이 약하기 때문에 소멸을 면할 수 있었던 뉴트리노와 반뉴트리노로 충만되어 있었을 것이다.

그런데 오늘날 여기에는 지구와 태양이 있고 인간을 포함한 생물이 존재하고 있다. 그것들은 방대한 수의 중입자와 경입자를 소재로 하고 있다. 우리를 둘러싸고 있는 풍부한 자연과 거기에서 생명을 영위하는 여러 가지 생물은 도대체 어디서 발생한 것일까? 우리가 살고 있는 지구나 달 또는 태양계는 상물질(常物質)로 구성되어 있다. 그렇다면 반물질 세계는 존재하지 않는 것일까?

이러한 의문을 해명하는 것이 현대의 우주론과 소립자 물리학에 주어진 중대한 과제의 하나이다.

우주적 규모에서의 반물질의 존재에 관하여는 다음의 두 가지 가능성이 있다.

　⑴ 우주 전체로서는 등량의 상물질과 반물질이 존재한다. 양자는 우주 초기에 어떠한 메커니즘으로써 분리되어, 은하 또는 반은하를 형성하였다.

⑵ 현재의 우주는 거의 상물질로만 구성되고, 거시적 규모에서는 반물질이 어디에도 존재하지 않는다.

⑴은 상물질과 반물질을 어디까지나 대등하게 다루려고 하는 대칭모형(對稱模型)의 입장이다. 매우 매력적이기는 하지만 상물질과 반물질이 분리되는 메커니즘을 어떻게 설명할 것인가 하는 어려운 문제가 있다. 이 점에 대해서는 다시 언급하겠다.

⑵는 '대폭발 이론'의 테두리 속에서 최근에 발전한 사고방식이다. 여기서도 오늘날의 상물질 우주가 탄생한 메커니즘을 설명하지 않으면 안 된다.

대폭발에 의하여 처음부터 입자가 반입자보다 많이 만들어졌다고 하고서 이야기를 진행하는 것은 너무나 인위적인 면이 있다. 맨 처음에는 입자와 반입자가 대등하게 만들어졌다고 생각하는 것이 가장 자연스러운 발상일 것이다. 그 이후의 어느 시점에서 플러스의 중입자수가 생성되었다고 하는 메커니즘을 생각하는 것이다. 그리고 대통일이론(大統一理論)이라는 새로운 이론의 테두리 속에서 이미 중압자수 생성의 줄거리가 만들어져 있는 것이다.

이것을 이해하기 위해서는 앞에서 문제로 삼았던 100만 분의 1초 이전의 시대로 거슬러 올라가지 않으면 안 된다. 우주개벽기의 보다 고온, 고압인 상태로 접근하면 강입자 속으로부터 그 구성 요소인 쿼크가 나타난다. 쿼크와 반쿼크가 경입자나 반경입자와 더불어 맹렬한 힘으로 날아다니고 충돌하고 소멸하고 다시 생성되는 굉장한 세계가 있었던 것이다.

힘의 통일

그럼, 드디어 대통일 이론의 시나리오에 따라서 우주의 극히
초기로 접근하여 바리온수의 발생을 설명하기로 하자. 여기서
말하는 우주의 초기란 개벽 후 10^{-30}초~10^{-40}초의 시점을 말한
다. 이 시점에서 오늘날의 우주 공간을 충만하고 있는 중입자
수가 발생하였다고 생각하는 것이다.

대통일 이론의 드라마를 전개하기 전에 다소의 준비가 필요
하다. 우선 여기서 말하는 '통일'이란 소립자에 작용하는 세 가
지 힘, 즉 강, 약 전자기력을 통일적으로 생각하려는 것이다.

세 가지 힘을 쿼크와 경입자라는 자연의 가장 미소한 요소를
소재로 하여 생각하면 다음과 같다.

우선 전자기력은 쿼크에도 경입자에도 그것들이 전하를 가지
면 작용한다. 이것은 쿼크나 경입자 사이에 광자(光子: 감마선)가
교환됨으로써 전파된다. 이 힘은 가장 잘 해명되어 있으며 양
자 전자역학(量子電磁力學)이라는 체계로 정리되어 있다. 이같이
오늘날에는 두 입자 사이에 소립자를 교환함으로써 힘이 전파
된다고 생각하는 것이다. 이것을 도식으로 나타낸 것이 다음의
그림이다.

입자 A와 B를 실선으로 하고 교환 입자를 파동선으로써 표
시한다. 시간의 흐름을 좌로부터 우로 하면, 시간이 t_0에서 A와
B 사이에 힘이 작용했다는 것을 가리킨다.

강한 힘은 경입자에는 작용하지 않고 쿼크 사이에만 작용한
다. 이 힘은 글루온에 의해 전파된다. 쿼크 사이에 글루온이 교
환되어 강한 힘이 발생한다.

마지막으로는 약한 힘이다. 다른 두 힘과 마찬가지로 약한

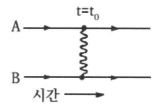

두 입자 사이에서 소립자를 교환함으로써 힘이 전파한다

힘을 전파하는 소립자가 있을까? 이전에는 약한 상호작용만은 입자 교환의 입장과는 달리, 공간의 한 점에서 상호 작용이 발생한다고 생각했던 일이 있다. 그러나 세 힘을 통일적으로 이해하는 데는 약한 상호 작용만을 특별 취급하는 것은 타당하지 않다. 무엇보다도 제일 잘 확립된 전자기 상호 작용이 광자 교환의 묘상으로서 이해되고 있으므로, 이것에 따라서 약한 상호 작용도 또 약한 힘을 전파하는 실체를 도입하여 설명하려 한 것은 극히 자연스런 발상이라 할 수 있다.

입자 붕괴를 일으키는 약한 상호 작용은 경입자에도 쿼크에도 작용한다. 이것은 중성자의 베타 붕괴

$$n \to p + e^- + \overline{\nu_e}$$

에 경입자(e^-, $\overline{\nu_e}$)와 강입자(n, p)가 관계하고 있는 것으로부터도 이해할 수 있다. 이것을 중성자와 양성자 속의 쿼크로 나타내면,

(ddu) $\to$ (duu) + e^- + $\overline{\nu_e}$이므로, 결국 d $\to$ u + e^- + $\overline{\nu_e}$

와 같이 다운쿼크가 업쿼크로 베타 붕괴하였다고 해석된다.

여기서 반전자 뉴트리노 $\overline{\nu_e}$를 종말 상태로부터 개시 상태로

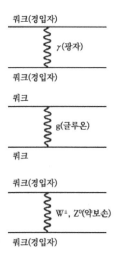

전자기력, 강한 힘, 약한 힘이 전파하는 매커니즘

이동시켜 보자. 그러기 위해서는 2장에서 설명했듯이 입자와 반입자를 치환하면 되므로

$$\nu_e + d \rightarrow e^- + u$$

와 같이 된다. 이것은 ν_e가 중성자에 충돌하여 양성자가 발생되는 산란 과정이다. 이 같은 실험은 가속기를 사용하여 최근에 활발하게 이루어지고 있다. 이 산란 과정에서 경입자 부분 $\nu_e \rightarrow e^-$와 쿼크 부분 $d \rightarrow u$를 분리하여 생각하고, 그 사이에 약한 힘을 전파하는 입자, 약보손(W)이 교환된다고 생각해 보자. 그러면 전자기 상호 작용에서의 광자(γ) 교환과 같은 묘상이 만들어진다. 가령 전자와 양성자의 산란 과정 $e^- + p \rightarrow e^- + p$를 양성자 중의 업쿼크를 끄집어내어 그려 보면, 다음의 그림처럼 된다. 광자(γ)가 경입자(e^-)와 쿼크(u) 사이에 교환되고 있는 것

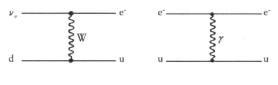

약한 상호 작용과 전자기 상호 작용

도 뉴트리노 산란과 흡사하다.

그렇다면 두 상호 작용을 별개로 생각할 것이 아니라 하나의 이론적 테두리로 체계화하면 어떨까? 이리하여 전자기 상호 작용과 약한 상호 작용의 통일 이론이 완성되는 것이다. 물론 양자 사이에는 여러 가지 상이점이 있다. 광자 교환에서는 경입자(e^-)나 쿼크(u)도 그 종류(향기)를 변화시키지 않으나, 약한 상호 작용에서는 $\nu_e+e^-\rightarrow\nu_\mu+e^-$와 같이 향기가 변화한다. 약한 상호 작용에서도 뉴트리노와 전자의 탄성 산란 $\nu_\mu+e^-\rightarrow\nu_\mu+e^-$와 같이 향기가 변화하지 않는 경우도 있다. 여기서는 중성 약보손(Z^0)이 교환된다. 이같이 약보손에는 전하를 갖는 $W^\pm$와 중성인 Z^0라고 하는 세 종류가 필요하게 된다.

전자기 상호 작용은 중력과 마찬가지로 먼 거리에도 도달하는 힘이다. 그 결과 자석의 흡인이나 반발처럼 그 영향이 거시적인 세계에 나타난다. 이것에 대하여 약한 힘의 도달 거리는 강한 힘의 도달 거리(10^{-13}㎝)보다 100분의 1 이상이나 짧다. 일반적으로 힘의 도달 거리는 교환 입자의 질량이 무거워질수록 짧아진다. 광자의 질량은 제로이므로, 전자기력은 매우 먼 곳까지 도달한다. 약한 힘이 단거리인 것은 약보손($W^\pm$, Z^0)의 질량이 매우 무겁다는 것을 뜻한다. 그러나 질량을 갖는 약보손과 질량 제로인 광자와는 그 대응이 좋지 않아, 두 가지 상호 작용의 통일이 어려워진다.

또 양자를 통일시키기 위해서는 이론을 충족시켜야 할 몇 가지 조건이 있다. 지면 관계상 설명은 생략하지만, 재규격화(再規格化) 가능성'이라든가 '게이지 불변성'이라는 조건이 그것이다. 게이지 불변성은 전하의 보존을 보증한다. 즉 게이지 이론은 전하의 보존에 관계된 매우 기본적인 이론인 것이다. 통일 이론에 게이지 불변성의 조건을 부여하면, 약보손의 질량이 광자와 마찬가지로 제로가 되어 전자기력과 마찬가지로 다룰 수 있으나, 힘이 원거리력으로 되어 버린다.

물리 법칙은 여러 가지 대칭성을 충족시키고 있다. 공간의 대칭성, 입자와 반입자에 관한 대칭성, 좌와 우의 대칭성 등이 그것이다. 결론만을 말하면, 이 대칭성을 깨뜨리면 질량이 생긴다는 것을 알고 있다. 그래서 통일 이론이 어떤 종류의 대칭성을 깨뜨린다고 하면, 처음에 질량 제로로서 도입한 약보손이 질량을 가질 수 있게 될 것이다. 이것을 '자발적 대칭성의 파탄'이라 하며, 이것에 의하여 질량을 생성할 수 있는 것이다. 이렇게 하여 여러 가지 곤란을 해결하면서 만들어 낸 통일 이론으로부터 약보손의 질량이 추정된다. 그것은 핵자의 약 90배에 해당하는 900억 전자볼트(90GeV)이다. 그 질량이 매우 무겁기 때문에 지금까지의 가속기로는 생성이 불가능하였다. 현재 세른에서는 270GeV의 양성자와 반양성자를 정면충돌시키는 반양성자-양성자 콜라이더가 가동하기 시작하여 약보손 탐색의 실험이 시작되고 있는 중이다.

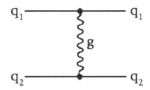

쿼크 사이의 강한 힘을 전파하는 글루온

대통일 이론

약한 상호 작용과 전자기 상호 작용의 통일에 힘을 얻어서 이론은 더욱 전진한다. 강한 상호 작용까지도 포함한 대통일 이론의 건설이 바로 그것이다.

광자(γ) 및 약보손(W)은 더불어 스핀-패리티(J^p)가 1^-인 입자이다. 그런데 쿼크 사이의 강한 힘을 전달하는 글루온(G)도 역시 $J^p=1^-$의 입자이며, 광자나 약보손과 유사한 성질을 갖고 있다. 글루온은 쿼크의 향기를 변화시키지 않으나 색깔을 바꾸기 때문에, 강한 상호 작용의 이론을 양자색역학(量子色力學)이라고 부르고 있다.

이상과 같이 세 가지 상호 작용에서는 힘이 비슷한 메커니즘으로 전파되고 있다는 것을 알 수 있다. 이 메커니즘을 설명하는 것이 게이지 이론이다. 광자, 약보손, 글루온은 경입자도 강입자도 아니며 게이지 입자라고 총칭되어야 할 입자인 것이다. 게이지 이론의 테두리 속에서 강한 힘을 포함하는 세 가지 힘을 통일적으로 이해하려는 것이 대통일 이론이다.

강입자의 충돌 반응으로 에너지가 증가하면 강입자끼리가 접근한다. GeV(10^9eV)영역에서의 강입자의 충돌에서는 강입자 사이의 충돌 거리는 약 1페르미(10^{-13}㎝)이다. 이 경우에는 약한 힘의 크기는 전자기력의 1,000분의 1 정도이다.

전자기력이 전형적인 장거리 힘이라면, 약한 힘은 단거리 힘이다. 따라서 강입자 사이의 거리가 접근하면 약한 힘의 세기가 점점 전자기력의 세기로 접근한다. 그리고 에너지가 100GeV 정도로 되어서 강입자끼리가 1,000분의 1페르미(10^{-10}㎝)에 접근하면, 마침내 약한 힘과 전자기력의 크기가 같아지게 된다. 이와 같이 고에너지 상태가 실현되고 있었던 것은 우주 개벽 후 100억 분의 1초(10^{-10}초) 정도에서이며 그 때의 온도는 10^{15}도 K이다.

또 에너지가 상승하여 강입자 사이의 거리가 더욱 접근하면, 강한 힘을 포함한 세 가지 힘의 세기가 같아져버린다. 즉 이와 같은 에너지 영역에서는 세 가지 힘을 통일적으로 이해할 수 있는 가능성이 있다. 쿼크에는 강한 힘과 약한 힘이 작용하고, 경입자에는 약한 힘만이 작용한다. 요컨대 쿼크와 경입자의 차이는 강한 힘이 작용하느냐 않느냐에 있다. 따라서 우주 개벽의 시점에서 강한 힘과 약한 힘에 차이가 없다면 쿼크와 경입자를 대등하게 다룰 수가 있다. 그러면 양자는 한쪽에서부터 다른 쪽으로 자유로이 전화하여, 이미 중입자수도 경입자수도 보존되지 않는다. 가령

$$p \to \pi^+ + \overline{\nu_e}, \quad p \to \pi^0 + e^+$$

등의 붕괴가 일어날 수 있는 것이다.

이리하여 세 가지 힘이 통일되는 것은 10^{15}GeV라는 놀라운 고에너지 아래에서이다. 이런 상태에서는 강입자는 10^{-29}㎝라는 거리까지 접근한다. 이런 에너지를 인공적으로 만들어 내는 것

은 우선 불가능하다.

그런데 대폭발 이론의 시나리오에 따르면, 우주 초기에는 이와 같은 고에너지(고열) 상태가 실현되고 있었다. 10^{15}GeV에 해당하는 온도가 10^{28}K이며, 우주 개벽 후 10^{-36}초경의 일이다. 이리하여 '대통일 이론'은 우주의 기원과 힘의 생성에 대하여 하나의 관점을 부여하게 된다.

살아남는 입자

통일 이론 중에서는 전자기 상호 작용과 약한 상호 작용의 통일에 의하여 90GeV라는 질량을 갖는 새로운 게이지 입자, 즉 약보손이 등장하였다. 마찬가지로 대통일 이론에서도 질량이 10^{15}GeV, 전하가 4/3 또는 1/3인 게이지 입자 X가 예상된다. X를 교환함으로써 쿼크와 경입자 또는 쿼크와 반쿼크의 전화가 일어나는 것이다. 그림의 반응

$$ud \rightarrow e^+\ \bar{u}$$

가 전하 1/3인 X를 교환하여 진행하고 있는 것을 가리킨다.

여기에 또 하나의 업쿼크의 선을 첨가하면 앞 절에서 설명한

$$p \rightarrow e^+ + \pi^0$$

와 같은 양성자로부터 전자와 파이중간자로의 붕괴가 된다. 이 반응에서는 개시 상태(p)는 중입자수가 +1, 종말 상태는 e^+의 경입자수가 −1이므로 중입자수도 경입자수도 보존하지 않는다.

X는 쿼크와 경입자, 또는 쿼크와 반쿼크에 결합하므로, 전하가 1/3인 X 및 그 반입자 $\bar{X}$(전하 −1/3)는

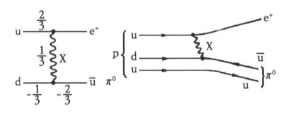

쿼크와 경입자의 상호 전화 반응

$$X \left(\frac{1}{3} \right) \rightarrow e^+ \bar{u}, \ ud$$

$$X \left(-\frac{1}{3} \right) \rightarrow e^- u, \ \bar{u}\bar{d}$$

와 같이 붕괴한다. 그리고 그 붕괴 수명은 극히 짧으며 X는 우주의 극히 초기밖에 존재할 수가 없다.

대폭발 직후의 고열 상태에서는 X와 쿼크, 그리고 경입자의 사이에 열평형 상태가 성립되어 있었다.

대폭발이 일어난 순간부터 X입자가 존재해 있던 극히 짧은 시간에서는 입자와 반입자는 완전히 같은 양이었다. 여기서 말하는 입자란 쿼크(u, d, s……), 경입자(e^-, ν_e, μ^-, ν_μ……), 게이지 입자(γ, g, $W^\pm$, Z^0, X) 등이며, 반입자란 반쿼크($\bar{u}$, $\bar{d}$, $\bar{s}$ ……), 반경입자(e^+, $\bar{\nu}_e$, $\mu+$, $\bar{\nu}_\mu$……), 반게이지 입자이다. 약보손에서는 W^+와 W^-가 서로 입자와 반입자의 관계에 있으나, $W^\pm$의 어느 쪽을 입자(반입자)로 결정할 것인가는 임의이다. 또 중성 약보손 Z^0의 반입자는 Z^0 자신이다.

여기서부터 입자 생존의 드라마가 시작된다. 이 시점에서는 입자와 반입자의 세계는 완전히 대칭이라고 생각되는 것이다.

우주가 10^{15}GeV에 해당하는 에너지를 내포하고 있었던

10^{-35}초가 지나고, 아주 근소하게 온도가 낮아지기 시작하자, X입자는 붕괴에 의하여 급격히 그 수를 감소한다. 실은 이 시점에서 물질의 생성에 관계한 중요한 사건이 일어나는 것이다.

앞에서 말한 X가 2개의 쿼크로 붕괴하는 과정

$$X \rightarrow qq$$

를 생각한다.

그런데 입자와 반입자의 대칭성 및 공간 반전 대칭성(空間反轉對稱性)이 엄밀하게 성립되어 있으면, 위의 반응은 모든 입자를 반입자로 바꾼

$$\overline{X} \rightarrow \overline{q}\overline{q}$$

와 동등하다. 즉 X→qq와 $\overline{X} \rightarrow \overline{q}\overline{q}$는 같은 수명을 가지며, 그 붕괴가 같은 비율로서 일어난다.

그런데 실제는 이 대칭성이 극히 근소하게나마 깨뜨려져 있었던 것이다. 그 결과 X와 $\overline{X}$의 붕괴에 불균형이 생긴다. 만일 X→qq가 $\overline{X} \rightarrow \overline{q}\overline{q}$보다 많이 일어난다고 하면, 그 몫만큼 쿼크가 반쿼크보다 많아진다. 그러면 그보다 나중 단계에서 쿼크가 결합하여 생기는 중입자는 반쿼크로부터 생기는 반중입자보다 많아진다. 100만 분의 1초(10^{-6}초)를 지난 제2단계에서 중입자와 반중입자가 소멸하고 반중입자는 모두 모습을 감춘다. 그리고 반입자보다 많은 몫만큼의 근소한 양의 중입자가 살아남게 된다.

개벽 후 수분이 지난 때부터 중수소(D)나 헬륨(He) 등 원소의 합성이 시작된다. 이 단계에서는 반양성자나 반중성자가 소멸하여 버렸기 때문에, 반중수소라든가 반헬륨 등 이른바 반원소는 생성되지 않는다. 이후의 단계에서는 어디에도 거시적인

규모로서 반물질이 나타나는 일은 없다.

그런데 우주 전체에 있는 소립자의 양은 어느 정도일까? 여러 가지 관측 결과로부터의 추정에서는 제일 많은 것이 광자(γ)이고, 1㎤당 약 400개이다. 이 광자의 수에 대하여 중입자 수는 약 10억 분의 1(10^{-9})이다. 대통일 이론에서 그럴 듯한 대칭성의 파탄을 가정하면, 이 값은 이론적으로 도출해 낼 수 있다고 주장하는 사람도 있다.

우주에 충만한 이 대량의 광자는 도대체 어디서 만들어졌을까? 대폭발 모형에서는 다음과 같이 생각한다.

개벽 후 1초 정도에서 여러 가지 입자와 반입자의 소멸 반응이 끝난다. 그리고 소멸 반응에 의하여 방출된 에너지로부터 이 빛이 발생하였다고 생각하는 것이다. 이것이 이른바 3K복사라고 부르는 것이다.

이상이 대폭발 모형과 대통일 이론을 배경으로 한 물질 기원의 개요이다. 물론 이러한 생각은 완전히 확립된 것이 아니고, 앞으로의 실험과 이론의 발전에 의하여 여러 가지로 개량될 것이 틀림없다.

어떤 상상

이미 말했듯이, 팽창 우주의 사고를 지지하는 유력한 사실은 우주 저쪽에서부터 온 빛이 적색편이(赤色偏移)를 나타내는 것이다. 빛을 발생하는 별이 멀면 멀수록 적색편이도 크다. 이것을 우리가 알고 있는 현상으로써 이해하려고 하면 '도플러 효과'가 가장 자연스러운 해석이었다.

적색편이의 이와 같은 해석의 근저에는 간접적이기는 하나,

다음과 같은 일이 가정되고 있다. 그것은 '태고의 옛날부터 물리 법칙이나 물리 상수가 불변하다'고 하는 점이다.

10억 광년 저쪽에 있는 별로부터 지구로 도달한 빛은 10억 년 전에 별을 떠난 빛이다. 이와 같은 먼 과거에 나온 빛이 우주 공간을 매초 30만 킬로미터의 속도로 10억 년 동안에 걸쳐서 달려와서 지금 지구에 도달해 있다. 우주의 규모가 큰 것에는 누구나 압도되지 않을 수 없다.

여기에서 소박한 의문이 생긴다. 수억 년이나 전의 원자와 지금 우리가 관측하고 있는 원자는 과연 같은 것일까? 옛날에 특정 원자로부터 나온 빛의 진동수가 지금 그 원자가 방출하고 있는 빛의 진동수와 같은 것일까? 만일 빛의 진동수가 시대와 더불어 조금씩 변화하고 있다면 '도플러 효과' 등을 가져 올 것까지도 없이 적색편이로써 간단히 설명할 수 있을 것이다.

특정의 회전 궤도 위의 전자는 어떤 일정한 에너지를 갖는다. 원자로부터 발생하는 빛은 전자가 회전 궤도를 바꿀 때에 방출되므로, 그 에너지도 또 일정한 값을 갖는다. 수소 원자와 같은 간단한 것에서는 보어(N. H. D. Bohr)의 이론에 의하여 빛의 스펙트럼(진동수)을 계산할 수 있다. 즉 진동수는 전자의 질량, 전하, 광속, 플랑크 상수 등으로 나타내어지는 것이다.

만일 이들 상수가 극히 근소하지만 시간과 더불어 변화하고 있다면, 수소 원자로부터 나오는 옛날의 빛과 지금의 빛에서는 서로 진동수에 차이가 있어도 무방한 것이 된다.

지금까지의 실험에서는 이들 상수가 시간에 따라서 변화하는 조짐은 발견되지 않았다. 그러나 우리가 자연 상수의 값을 정확하게 측정할 수 있게 된 것은 불과 40~50년의 일이다. 만일 자연 상수가 우주의 나이 150억 년 동안에 걸쳐서 10분의 1만큼만 변화했다고 하면, 과거 10년 동안의 변화는 150억 분의 1에 불과하다. 이와 같은 전하나 질량의 미소한 변화를 결정하는 데는 150억 분의 1 이상의 결정 정밀도를 가진 장치를 만들어, 다시 10년이라는 시간차를 두고서 측정하지 않으면 안 된다.

물론 자연 상수가 시간과 더불어 변화한다는 주장에는 어떤 근거가 있는 것도 아니다. 여기서는 '우주라는 광대한 공간과 우주의 탄생으로부터 오늘에 이르는 기나긴 시간의 흐름 속에는 우리가 알지 못하는 여러 가지 가능성이 남겨져 있다'는 한 예를 보였을 뿐이다.

인류가 사는 지구는 대우주 속에서는 미소한 한 점에 불과하다. 우리가 하나의 현상을 관측하는 시간도 또 한정되어 있다. 실험 장치의 정밀도에는 반드시 측정 오차가 따르기 마련이다. 이와 같은 실험상의 곤란을 내포하면서도, 우리는 지금 손에 넣고 있는 데이터로부터 어떻게든지 우주 초기의 상태를 캐내려 하고 있는 것이다.

분리되는 반입자

'대폭발 모형'에 의하면 오늘의 우주에는 은하계만한 규모로서는 반물질이 존재할 수 없다는 것이 된다. 그것은 고밀도의 우주 초기에는 소멸 과정이 매우 효율적으로 진행되어, 이 단계에서 반입자의 대부분은 소멸해 버리는 것으로 생각되기 때문이다.

그렇다면 우주 초기에 입자와 반입자가 소멸을 벗어나서, 서로 분리되어 따로따로 존속할 가능성은 없는 것일까?

여기서 또 하나 클라인(O. Klein)에 의하여 제창된 다른 우주 모델이 있다. 이 모형에 의하면 등량의 상물질(常物質)과 반물질의 존재가 가능하게 되는 것이다.

클라인의 모형에서는 우주의 초기 상태는 매우 희박한 가스의 구름으로 이루어져 있었다고 가정한다.

이 가스 속에는 양성자와 반양성자, 전자와 양전자 등이 알몸으로 존재하고 있었다. 이것을 양성(兩性) 플라스마라고 부른다. 이 구름이 왜 생겼는가 하는 문제에 대해서는 여기서는 문제 삼지 않기로 하겠다. '대폭발 모형'이 어떻게 하여 폭발이 일어났는가를 설명하지 않는 것과 같다.

설명을 간단히 하기 위하여 가스운은 구형이고 입자와 반입자는 균일하게 분포되어 있다고 가정한다. 그 구름은 가령 1조 광년의 반지름을 가지며, 입자(반입자)의 밀도는 100㎥ 속에 1개 이하라고 하자.

이와 같은 희박한 가스 속에서는 입자와 반입자는 거의 충돌하지 않는다. 가스는 중력에 의해서 수축되고, 수십억 광년 정도의 반지름이 되었을 때 양성자와 반양성자가 드물게 충돌하는 정도이다. 반지름이 최초의 1,000분의 1(10억 광년) 정도가 되면, 입자와 반입자의 소멸에 의한 에너지 방출이 중력을 웃돌게 된다. 여기서 우주는 팽창으로 전환한다. 클라인의 모형에서는 우주 팽창의 원인은 입자, 반입자의 소멸로부터 생긴 에너지원(原)에 있다.

그런데 이 모형에서는 입자와 반입자의 분리를 어떻게 설명하는 것일까?

산소는 가볍기 때문에 상공일수록 많고, 질소는 무겁기 때문에
아래 층일수록 많다

우주의 초기에 양성자와 반양성자, 전자와 양전자가 있었다
고 하자. 중입자와 경입자에는 약 1,840배 정도의 질량차가 있
다. 이같이 질량이 다른 입자는 중력장에 의하여 분리가 일어
나는 것이다.

이 효과는 지구의 중력에 의하여 대기층이 분리하는 것과 비
슷하다. 대기의 압력은 고도가 상승함에 따라서 감소한다. 가령
고도 5km에서는 2분의 1기압, 고도 10km에서는 10분의 1기압
이 된다. 즉 지구로 접근할수록 대기는 보다 강하게 압축되고
그 밀도가 상승한다.

대기에는 약 80%의 질소가 함유되어 있다. 극히 미량의 수
소는 질소의 14분의 1의 질량이다. 따라서 수소에 비하여 질소
는 보다 강하게 지구에 끌어 당겨진다. 따라서 질소의 밀도는
고도 5km에서 지표의 절반으로 되는데, 수소의 밀도가 절반이
되는 것은 70km에 달하였을 때이다. 즉 질소에 비하여 질량이

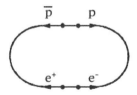

폐곡선을 따라가면서 전기장이 발생하면, 양성자와 양전자는 우로,
반양성자와 전자는 좌로 움직인다

작은 수소는 지구 인력의 영향도 적고 보다 균일하게 분포하게
된다. 이리하여 대기층의 하부(지구에 가까운 장소)에는 질소가
집중하고, 그 상부에 수소가 널리 분포하게 된다.

이번에는 지구 인력 대신 양성자나 반양성자 자신의 중력 작
용에 착안한다. 중입자와 경입자의 질량비는 질소와 수소의 질
량비의 130배에 달한다. 따라서 중입자(양성자와 반양성자)끼리
는 중력에 의하여 보다 강하게 서로 끌어당겨서 집중하지만 경
입자(전자나 양전자)는 보다 광범위하게 분포하는 것이다.

그런데 성간공간(星間空間)이나 은하 간 공간에는 자기장이 존
재한다. 특히 가스 성운의 상대 운동(난류)이나 중력 함몰에 의
하여 시간과 더불어 변동하는 비정상적 자기장이 발생한다. 잘
알려져 있듯이 자기장의 시간 변동은 전기장을 유도한다. 그러
면 전기장은 하전 입자에 힘을 주어 운동을 일으킨다.

위의 그림과 같이 폐곡선을 따라서 전기장이 발생했다고 하
자. 이 때 반양성자와 양전자는 좌로, 양성자와 전자는 우로 움
직인다. 이리하여 좌측에는 반물질이, 우측에는 상물질이 집적
한다.

태양에 의해 빛이 휘어진다는 것은 반입자-입자 사이의 반중력의
존재를 부정한다

알벤(H. O. G. Alfvén)의 계산에 의하면, 이 메커니즘에 의하
여 발생하는 물질과 반물질의 덩어리는 태양의 질량보다 꽤나
작다. 이와 같은 소규모의 반물질과 상물질의 성운은 다음에서
설명하는 '라이덴프로스트 현상'에 의하여 반발하여 혼합되기
어려워진다. 상물질끼리 또는 반물질끼리는 자유로이 혼합하기
때문에 그것들은 차츰 크게 성장하는 것이다.

일찍이 '반입자에는 반중력이 작용할지 모른다'고 생각했던
일이 있다. 입자와 입자(또는 반입자와 반입자)에는 인력이, 입자
와 반입자에는 척력(斥力, 즉 반중력)이 작용한다고 하는 것이다.
그러면 입자는 입자끼리, 반입자는 반입자끼리가 모이는 것은
간단히 이해할 수 있다.

유감스럽게도 이 아이디어는 성공하지 못했다. 반입자에는
반중력이 아니라 중력이 작용하는 것을 알았기 때문이다. 어떻
게 그것이 발견되었을까?

태양의 뒤쪽에서 발생한 빛은 태양의 중력장에서 휘어지는
것이 관측되어 있다. 빛의 중입자수는 제로이다. 빛에는 입자와
반입자가 같은 양으로 혼합되어 있으며, 플러스와 마이너스의

중입자수가 사로 상쇄하고 있다고 생각해도 된다. 만일 반입자와 입자 사이의 중력이 척력이고, 입자와 입자 사이(또는 반입자와 반입자 사이)의 중력이 인력이라면, 빛은 중력의 영향을 받지 않고 직진한다. 그런데 관측에 의하면 빛은 태양의 중력에 의하여 약간이기는 하지만 태양 쪽으로 끌어당겨지는 것이다.

이리하여 '반물질에는 반중력이 작용한다'는 생각은 실험적으로 부정되었다.

라이덴프로스트의 벽

알벤의 생각을 따라 상물질과 반물질이 분리되었다고 하자. 양자가 접하는 경계에서는 쌍소멸이 일어나고, 거기에 에너지가 방출된다. 그러면 '라이덴프로스트 현상(Leidenfrost Effect)'에 의하여 물질과 반물질이 반발하여 분리 상태를 오래 유지할 가능성이 있다고 한다. 이것을 물의 증발을 예로 들어 설명하기로 한다.

물이 끓는점은 100℃이다. 100도보다 높은 온도의 철판에 물방울을 떨어뜨리면 물방울은 폭발적으로 없어진다. 그런데 철판을 수백도로 가열하면 그 때까지와는 다른 현상이 일어난다. 물방울은 금방 증발하지 않고 수분 이상이나 철판 위에 머물러 있을 수 있다. 이 경우 물방울은 철판 위에서 진동하면서 조금씩 작아지다가 이윽고 증발하여 버린다. 이 현상은 19세기에 독일의 라이덴프로스트(Leidenfrost)에 의하여 연구되었기 때문에 '라이덴프로스트 현상'이라고 불린다.

물방울의 증발이 방해되는 것은 물방울과 철판 사이에 수증기의 층이 생기기 때문이다. 이것이 철판과 물방울 사이에 열의 절연체를 만드는 것이다. 철판의 온도가 충분히 높으면 수증기의 층이 두꺼워져서 그만큼 열이 전도되기 어려워진다.

이 예에서 철관과 물방울을 양성자와 반양성자로 치환하여 본다. 양자가 접촉하면 쌍소멸이 일어나 에너지가 발생한다. 이 결과 경계 영역이 고온으로 되어 '라이덴프로스트의 벽'이 만들어진다.

알벤은 성간 공간에서의 상물질과 반물질의 접촉에 라이덴프로스트 현상을 적용하여 절연층의 두께를 추정하였다. 그것에 의하면 그 두께는 약 1,000분의 1광년이 된다. 별과 반성(反星) 사이의 거리가 수광년이라는 것을 생각하면 절연층의 두께는 비교적 얇다. 이것에 의하여 상물질과 반물질의 세계의 분리가 유지되는 것이다.

'대폭발 모형'에 의하면 오늘날 우주를 충만하고 있는 저에너지의 즉 3K복사는 우주 초기에서의 입자와 반입자 소멸의 흔적이다. 클라인은 직접으로는 언급하지 않았지만, 그의 모형에서도 중력 수축에 의하여 입자와 반입자의 소멸이 활발해지면, 소멸의 생성물로서 저에너지의 빛을 발생시키는 것은 가능할 것이다.

6장
반물질의 탐색

날아온 반물체

'대폭발 모형'에 의하면 오늘의 우주는 그 대부분이 상물질로 구성되어 있다. 더욱이 거기에 있는 상물질은 우주 초기의 입자와 반입자의 쌍소멸 과정에서 남겨진 것이다. 반입자에 비하여 입자의 양이 약간 많았기 때문에, 그 과잉분(10억 분의 1)이 소멸을 면했던 것이다. '소멸'이라는 우주의 큰 화재 뒤, 타고 남은 찌꺼기가 빛으로 되어 우주를 채우고 있는 것이다. 이와 같은 대폭발 모형의 줄거리에 대하여 어디까지나 상물질과 반물질을 대칭적으로 고찰하려는 입장이 클라인 등이 제창한 '대칭모형(對稱模型)'이다.

오늘날 우리는 지상 또는 극히 지구에 가까운 공간 속에서 우주로부터 날아드는 여러 가지 정보를 얻고 있다. 그러나 현재 얻고 있는 정보만으로는 광대한 우주의 상세한 것을 해명하는 데는 불충분하다고 하지 않을 수 없다. 한정된 데이터로부터 멀리 떨어져 있는 우주의 상태나 까마득한 옛날의 사건을 추론하는 것이다. 바늘구멍으로 하늘을 보는 것과 같다.

현재로는 반물질 세계의 존재를 뒷받침할 실험적인 확증은 아무 것도 없다. 반대로 그것을 완전히 부정하는 증거도 없다. 태양계와 그것을 둘러싸고 있는 한정된 공간에서는 반물질의 존재가 매우 미량이라는 것은 추측된다. 그러나 은하 끝이라든지 더욱이 은하 바깥이 되면 명백한 것은 알 수 없다는 것이 현상이다. 오히려 앞으로 새로운 실험 기술을 구사하여 우주 공간으로 날아가서 보다 확실한 데이터를 축적하는 것이 선결 문제이다. 그러한 데이터에 의하여 비로소 우리는 '반물질 우주가 어디에 어떤 형태로 존재하는가'라는 의문에 대하여 정량적인 대답을 할 수 있을 것이다.

성운이라든지 은하 규모에서 어딘가에 반물질이 존재한다고 하자. 그러면 반물질은 상물질과 접촉하여 소멸한다. 반물질이 우주에 둘러쳐진 상물질의 그물을 빠져 나와서 지구에 도달하는 일이 있을까? 만일 그렇게 하여 직접 지구로 날아온 반물질이 관찰된다면, 그것은 우주 공간에 반물질이 존재한다는 가장 직접적인 증거가 될 것이다.

'혜성과 그것에 부수하는 유성(流星) 가운데는 반물질인 것도 있을 수 있다'고 하는 가설이 나와 있다. 반물질의 도래를 상상하는 사건에는 퉁구스 운석(隕石)의 대폭발이 있다. 이 흥미로운 현상은 1961년 학술 탐험대에 의하여 상세히 조사되었다.

퉁구스 운석은 1908년 6월 30일 오전 0시 17분, 포드 카멘나야 퉁구스카 강 상류의 상공에서 대폭발을 하였다. 폭발 전에는 매우 밝은 유성으로서 700㎞의 먼 곳에서도 관측되었다고 한다. 폭발은 10㎞ 이상이나 떨어진 산림을 전소시키고, 폭풍은 30㎞에 걸쳐서 나무들을 쓰러뜨렸다.

60㎞쯤 떨어진 주민의 이야기로는 폭발 직후 맹렬한 열기를 느꼈고, 입고 있던 의복이 하마터면 불타버리는 줄 알았다고 한다. 집은 부서지고 유리창은 박살이 났다.

조사 결과, 폭발은 5~10㎞ 상공에서 일어났고, 방출된 에너지는 10^{16}줄이라고 추정되었다. 이것은 10^{39}K에 해당하며 30 메가톤의 TNT(트리니트로 톨루엔) 폭약에 맞먹는다. 이 운석은 메탄, 물, 암모니아의 얼음 덩어리로 이루어진 작은 혜성이라는 것도 알았다. 이와 같은 강렬한 폭발을 설명하려면 무엇인가 특이한 메커니즘을 생각하지 않으면 안 된다.

코완 등은 이것이 '반물질의 소멸'에 의한 것이라는 가설을 제안하였다. 실제로 이 폭발의 에너지를 소멸 반응으로부터 얻으려면 반물질은 1kg으로 충분하다.

이 폭발이 소멸에 의한 것이라고 한다면, 그 때에 상정되는 원자핵 반응으로부터 대기층의 탄소 14(C^{14})가 증가한다. 이것은 폭발이 일어난 연도(1908)에 해당하는 나무의 나이테에 영향을 주었을 것이다. 그래서 애리조나에 있는 수령 300년의 왜전나무의 나이테를 조사한 즉 1909년 층의 방사능이 전후 40년의 평균값보다 1%의 증가를 보였을 뿐이었다. 유감스럽게도 이 정도의 증가로는 '퉁구스 운석이 반물질이다'라는 증거로는 되지 못한다.

달에는 대기가 없으므로 반운석은 직접 월면에 도달한다. 이 소멸 과정에서 수명이 짧은〔그 반감기가 알루미늄26(A^{26})과 같은 10^6년 정도〕 방사성 원소가 만들어질 가능성이 있다. 이것에 대하여 상물질의 운석이 월면과 충돌하더라도, 반감기가 10^9년 정도의 천연 방사성 원소가 생성될 뿐이다. 1장에서 2100년에 월면에 건설하게 되어 있던 '우주 물리학 연구소'에서는 이와 같은 소멸 반응의 흔적이 발견될지 모른다.

쌍소멸

우주 어딘가에 존재하는 반물질이 직접 지구로 날아올 확률은 매우 작다. 지구 위에 우연히 그런 기회가 온다면 그것은 참으로 행운이라 하겠다.

은하의 지름은 10^{21}m에 달한다. 그것과 비교하여 지구의 지름은 10^7m에 불과하다. 가령 은하계 끝에 반물질이 있다고 하더라도, 거기서부터 방출된 반물체가 지구에 충돌할 가능성은 적다. 그것은 마치 태양 표면의 1㎜를 떨어진 장소를 구별하여, 지구로부터 총을 쏘아 맞추는 것과 같다.

그렇다면 반물질의 존재를 간접적으로 알 수 있는 방법은 없을까? 만일 반물질을 형성하는 반분자나 반원자가 상물질을 만들고 있는 분자나 원자와는 다른 성질을 나타낸다면 매우 흥미롭다. 그러나 이미 여러 번 말했듯이 수명, 질량, 분자(반분자)나 원자(반원자)의 스펙트럼 등은 모두 물질과 반물질의 구별이 없다.

이렇게 보면 상물질 세계에 살고 있는 우리에게는 반물질을 검출하는 길이 닫혀버린 듯이 생각되는데, 과연 그럴까?

반물질은 소멸에 의하여 없어진다고 말하였으나, 실은 그 소멸 현상이야말로 반물질의 최대 특징인 것이다. 소멸에 의하여 반물질 그 자체는 소실되어도 거기에 방대한 에너지가 남겨진다. 그리고 그 에너지를 근원으로 하여 여러 가지 소립자가 발생한다. 이 소립자의 특징을 포착하여 소멸이 일어나고 있는 것을 확인하면 반물질의 존재를 실증하는 것이 될 것이다. 여기에서는 소멸 후의 상황에 초점을 맞추어 가면서 소멸의 메커니즘을 상세히 조사해 보자.

성간 공간에서 상물질과 반물질이 접촉하였다고 하자. 물질은 양성자나 전자로써 이루어지고, 반물질은 반양성자와 양전자를 함유하고 있다. 상물질과 반물질의 소멸이란 미시적으로 보면, 이들 소립자끼리가 소멸하는 것에 불과하다. 이와 같은 과정의 축적에 의해 원자, 분자, 물질의 소멸이 진행한다.

양성자와 반양성자, 전자와 양전자의 소멸 메커니즘은 가속기 실험에 의하여 상세히 조사되어 왔다.

이 소멸 과정은 반드시 입자와 그 반입자의 쌍이 소멸하기 때문에 '쌍소멸'이라고 불린다. 양성자와 반양성자의 쌍소멸은 주로 입사 양성자를 정지한 수소 표적에 충돌시켜서 하여 왔다. 최근에는 충돌형 가속기로 양자의 정면충돌을 시킬 수도 있게 되었다. 세른(유럽 원자핵 공동 연구기구)의 양성자와 반양성자 콜라이더가 이것에 해당한다. 양성자와 반양성자의 에너지는 모두 2700억 전자볼트(270GeV)이다.

전자와 양전자 소멸에서는 주로 축적링이 사용된다. 가령 독일의 함부르크에 있는 DESY(독일 전자 싱크로트론의 약어)에서는 PETRA라고 불리는 전자와 양전자의 축적링으로 190억 전자볼트(19GeV)의 전자-양전자의 소멸 실험이 진행되고 있다.

살아남는 소립자

상물질과 반물질이 성간 공간에서 접촉하여 소멸하였다고 하자. 별에 가까운 공간에서는 성간 가스의 온도가 수천 도에 달하고 있는데, 그것에 해당하는 운동 에너지는 겨우 전자볼트 정도의 수준이다. 항성으로부터 떨어져 있는 공간에서는 더욱 에너지가 작아질 것이다. 요컨대 우주 공간에서는 극히 낮은 에너지 입자의 소멸 반응이 일어나고 있다고 생각해도 된다.

핵자(반핵자)와 전자(양전자)의 질량비는 약 1,840이므로, 핵자-반핵자 소멸은 전자-양전자 소멸에 비하여 약 1,840배의 에너지를 발생한다. 핵자-반핵자 소멸에서는 그 높은 에너지 방출에 고유의 특징적인 현상이 발생하지 않을까?

가속기 실험으로부터 얻어진 지식을 토대로 하여 소멸 반응의 특징을 생각해 보기로 하자.

먼저 양성자와 반양성자가 정지하여 소멸하였다고 하면, 개시 상태의 전체 에너지는 약 2GeV가 된다. 종말 상태에서는 평균 4개의 파이중간자(π)가 생성된다. 소멸 에너지 2GeV가 4개의 파이 중간자에 등분되었다고 가정해 본다. 파이중간자 1개당 전체 에너지(운동 에너지와 정지 질량의 합)는 500MeV가 된다. 따라서 1개의 파이중간자의 운동 에너지는, 정지 질량 140MeV를 뺀 360MeV이다. 이 파이중간자의 속도는 광속의 96퍼센트에 달하고 있다.

정지한 파이중간자의 수명은 하전 파이중간자($\pi^{\pm}$)가 약 1억 분의 1초(10^{-8}초)이고, 중성자 파이중간자(π^0)는 다시 그것의 1억 분의 1초(10^{-16}초)이다. 통상의 가속기 실험에서는 $\pi^{\pm}$는 붕괴하기 전에 측정기로 들어가서 검출된다. 그러나 광대한 우주 공간을 오랜 시간 비행하는 $\pi^{\pm}$는 결국 뮤입자(μ)와 뮤뉴트리노로 붕괴해 버린다.

$$\pi^+ \rightarrow \mu^+ + \nu_\mu$$

$$\pi^- \rightarrow \mu^- + \overline{\nu_\mu}$$

이 붕괴 과정은 뉴트리노를 방출하기 때문에 약한 상호 작용에 의하여 진행된다. $\pi^0 \rightarrow 2\gamma$와 같이 전자기 상호 작용에 의하여 2개의 광자로 붕괴한다.

앞서 설명한 운동 에너지가 360MeV인 $\pi^{\pm}$는 약 25m를 날아가서 붕괴한다. π^0의 수명은 훨씬 짧기 때문에 거의가 순간적으로 2개의 광자로 붕괴하여 버린다.

뉴트리노와 광자는 안정하나 $\mu^{\pm}$는 불안정하여, 다시

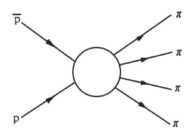

$$\bar{p}\,p \rightarrow 2\pi^+\pi^- \text{ 반응}$$

$$\mu^+ \rightarrow e^+ + \nu_e + \overline{\nu_\mu}$$

$$\mu^- \rightarrow e^- + \overline{\nu_e} + \nu_\mu$$

와 같이 전자와 2개의 뉴트리노로 된다. 뮤입자의 수명은 약 100만 분의 1초이다.

양성자-반양성자 소멸에서 가장 무거운 K중간자(K=494MeV)가 생성되는 경우가 있다. K중간자도 또 파이중간자나 뮤입자로 붕괴하고, 그것이 다시 전자(양전자)와 뉴트리노로 붕괴한다. 가령

$$K^+ \rightarrow \mu^+ + \nu_\mu$$
$$| \atop \rightarrow e^+ + \nu_e + \overline{\nu_\mu}$$

이다.

이상에서 말했듯이 소멸 반응으로 생성되는 파이중간자도 K중간자도 결국 그 이상은 붕괴하지 않는 안정 입자, 전자, 양전자, 뉴트리노(반뉴트리노) 및 광자로 되어버리는 것이다. 이들

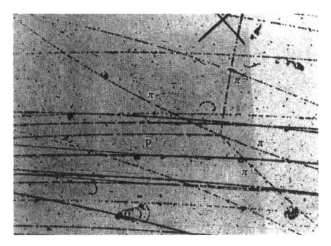

$\overline{p}\,p \rightarrow 2\pi^+2\pi^-$ 반응의 한 예

생성 입자 중에서 전자와 양전자는 성간 공간 속의 약한 자기장에 포착되어 나선 운동을 한다.

이것에 대하여 뉴트리노와 광자(감마선)는 전기적으로 중성이기 때문에 자기장의 영향을 받지 않고 직진한다. 광자는 질량이 제로로서 빛이며, 광속(초속 30만 킬로미터)으로 달려간다. 뉴트리노가 질량을 갖는지의 여부는 현재 문제로 되어 있으나, 전자의 1만 분의 1정도의 질량을 갖는지도 모른다. 어쨌든 그 질량은 매우 작기 때문에 뉴트리노도 또 빛에 가까운 속도로 비행한다.

뉴트리노의 질량이 작더라도 유한이냐, 엄밀하게 제로냐고 하는 것은 우주 물리학에서는 매우 중요한 문제이다. 우주 속에는 핵자나 전자에 비하여 감마선과 뉴트리노가 10억 배쯤 많이 존재한다. 만일 뉴트리노가 근소하게나마 질량을 갖는다면, 우주 전체의 질량은 훨씬 커지며 그 결과 중력 수축이 문제가

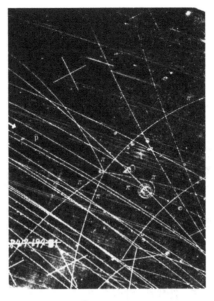

$\bar{p}\,p \rightarrow 6\pi$

된다.

입자-반입자 소멸로 발생한 전자와 양전자가 충돌하면 다시 소멸이 일어나고 광자가 방출된다. 한편 뉴트리노와 반뉴트리노의 소멸은 약한 상호 작용으로 일어나고, 핵자-반핵자 소멸(강한 상호 작용)이나 전자-양전자 소멸(전자기 상호 작용)에 비하여 그 반응 확률이 매우 작아서 무시할 수 있다.

에너지의 분배

양성자-반양성자 소멸 과정과 그것에 이어지는 붕괴 과정에 의하여, 최종적으로 3종류의 소립자, 즉 전자(양전자), 뉴트리노(반뉴트리노), 광자가 우주 공간으로 방출된다. 이 때 각 입자에 분배되는 에너지를 구해 보자.

간단하게 하기 위하여 반양성자와 양성자의 운동을 무시할 수 있고, 그 질량을 9억 전자볼트(900MeV)로 한다. 또 붕괴 과정에서는 에너지가 붕괴하게 될 입자에 등분되는 것으로 한다. 우선 양성자와 반양성자의 소멸로 그 정지 질량 1800MeV가 방출된다. 소멸 반응에서는 π^+, π^-, π^0가 등량으로 생성되었다고 하자. 이같은 과정으로서

$\bar{p}+p \;\rightarrow\; \pi^+ + \pi^- + \pi^0$ (3체 반응)

$\bar{p}+p \;\rightarrow\; 2\pi^+ + 2\pi^- + 2\pi^0$ (6체 반응)

이 있다. 대표적인 예로 처음의 3체 반응을 고찰하기로 한다.

1800MeV의 에너지는 3개의 파이중간자로 분배되므로 1개의 π의 전체 에너지는 평균 600MeV가 된다. π^0는 곧 2개의 광자로 붕괴하기 때문에 1개의 광자는 300MeV의 에너지를 갖는다. 또 $\pi^\pm$는 $\mu^\pm$와 ν_μ(또는 $\bar{\nu_\mu}$)로 붕괴하고, ν_μ 및 $\mu^\pm$의 평균 에너지는 각각 300MeV가 된다. π^+와 π^-의 붕괴에 의하여 2개의 뉴트리노가 생성되므로 이 단계에서 뉴트리노는 합계 600MeV의 에너지를 방출한다.

또 300MeV인 μ^-는 e^-, $\bar{\nu_e}$, ν_μ로 붕괴하므로, e^-(전자)는 100MeV의 에너지를 얻어 $\bar{\nu_e}$와 ν_μ의 에너지의 합은 200MeV가 된다. μ^+에 대해서도 마찬가지이다.

결국 최종적으로는 6개의 뉴트리노가 합계 1000MeV를, 2개의 광자는 600MeV, 전자와 양전자는 각각 100MeV를 갖게 된다. 이상에서 설명한 것을 그림으로 표시하면 다음과 같다.

괄호 속의 숫자는 에너지의 등분배를 가정하였을 때의 각 입

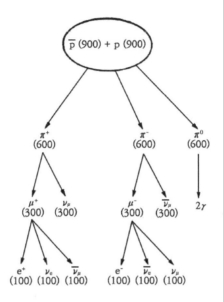

양성자-반양성자 소멸에서의 에너지의 분배

자의 전체 에너지(운동 에너지와 정지 질량의 합)를 MeV 단위로
서 표시한 것이다.

이것으로부터 알 수 있듯이 최종적으로는 뉴트리노가 절반
이상의 에너지를 방출하게 된다. 뉴트리노는 하전을 갖지 않으
며 또 물질과의 상호 작용도 매우 작기 때문에 관측하기가 어
렵다.

소멸 반응으로 방출되는 입자 중에서 흥미로운 것은 전자와
양전자이다. 전자(양전자)의 질량은 0.5MeV로 작으며, 100MeV
의 전체 에너지는 그대로 전자(양전자)의 운동 에너지라고 생각해
도 무방하다. 양성자-반양성자 소멸의 영역에는 10만 분의 1가
우스 정도의 약한 자기장이 존재하고 있으므로, 전자는 그 자기

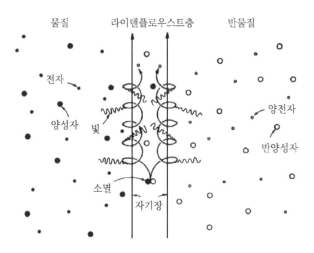

물질 우주와 반물질 우주를 나누는 라이덴프로스트의 벽

장 주위를 나선 운동을 한다. 그 반지름은 약 10만 킬로미터이
며 1억 분의 1광년에 불과하다. 상물질로 이루어진 별과 반물질
로 이루어진 별의 거리를 수 광년이라고 하면, 그 수억 분의 1
의 영역에 전자가 밀폐되어 버리는 것이다.

　나선 운동을 하는 전자와 양전자의 에너지 100MeV는 1조도
(10^{12}도)에 해당한다. 이 같은 초고온의 전자 또는 양전자가 상
물질과 반물질의 접촉 영역에서 발생한다. 즉 소멸에 의하여
방출된 에너지의 5%(100MeV)가 전자에 의하여 한정된 영역에
축적되어 있는 것이다. 이 고온 영역이 ‘라이덴프로스트의 장
벽’으로 되어 두 물질을 격리하는 것이다.

　물론 전자나 양전자가 영원히 그 에너지로 운동을 계속하는
것은 아니다. 전자와 양전자가 충돌하면 소멸하고 에너지가 높
은 빛, 감마선으로 변한다.

　전자가 그 운동 에너지를 상실하는 또 하나의 과정은 싱크로

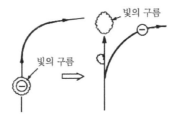

전자 주위의 빛의 구름은 전자에 가속도가 가해지면 튀어나간다

트론 복사이다. 전자는 빛의 구름을 갖고 있다는 것을 앞에서 말하였다. 이 전자가 갑자기 운동의 속도나 방향을 바꾸면 빛의 구름은 전자로부터 벗겨져서 처음의 운동 방향으로 튀어나간다. 전하를 갖는 전자는 자기장에 의하여 회전하는데, 빛의 구름은 전기적으로 중성이기 때문에 자기장의 영향을 받지 않고 접선 방향으로 튀어나간다.

　이 때 방출하는 빛의 에너지는 소멸에 의하여 발생하는 감마선보다 훨씬 작다. 이 빛은 라디오파라고 불리고 있다. 전자와 양전자의 에너지 방출이 감마선에 의한 것이냐, 라디오파에 의한 것이냐고 하는 것은 전자의 밀도나 자기장의 세기에 의존한다.

　만일 자기장이 강하고 따라서 전자 궤도가 강하게 휘어지면 라디오파가 방출되기 쉽다. 또 전자와 양전자의 밀도가 크고 충돌의 비율이 증가하면, 쌍소멸 과정이 우세하게 되어 감마선이 증가하게 된다.

여러 가지 정보

　거시적인 반물질의 존재는 두 가지 방법으로 확인할 수 있는 것을 알았다. 하나는 반성(反星)이나 반성운(反星雲)으로부터 방출되는 반입자의 직접 관측이고, 다른 하나는 소멸 과정에 의하여 발생하는 소립자의 관측이다. 전자의 특별한 경우가 반물체(반운석)로서 날아오는 것이다. 그러나 반물체가 우연히 지구에 충돌하는 확률은 극히 작다.

별이나 반성으로부터 방출되는 소립자나 원자핵을 우주선(宇宙線)이라고 부른다. 이 우주선의 관측에 의하면 반원자핵은 원자핵의 1만 분의 1정도라는 것이 알려져 있다. 한편 '대칭적인 우주 모형'에서는 등량의 입자와 반입자가 우주선 속에 예상된다. 그러나 이것은 어디까지나 우주 전체에서 평균으로 보았을 때의 이야기이며, 태양계와 같은 국소적인 영역에서는 외관상 대칭성이 크게 깨뜨려져 있는 것이라고도 생각할 수 있다.

소멸 반응을 확인하는 또 하나의 방법은 소멸로 발생하는 소립자, 즉 전자, 양전자, 감마선, 뉴트리노, 반뉴트리노의 검출이다.

이 중에서 감마선은 여러 가지 특징을 가지고 있다. 가령 에너지가 높고 200~300MeV에 피크가 있으며, 감마선이 우주 자기장에서 휘어지지 않기 때문에 날아오는 방향으로부터 반물질의 존재 장소를 예상할 수 있다는 점 등이다. 특히 대기권 밖에서의 관측은 대기에 의한 감마선의 산란에 방해를 받지 않기 때문에 중요한 정보를 제공한다. 최근에는 인공위성에 의한 감마선의 관측이 가능하게 되어, 이른바 '감마선 천문학'이 급격히 발전하고 있다.

소멸의 생성물뿐 아니라, 소멸에 관련된 현상을 잘 이용하는 것도 현명한 일이다. 가령 양성자와 반양성자가 소멸하기 직전에 플루토늄이라는 일종의 원자가 만들어진다. 수소 원자에서는 플러스의 전하를 갖는 양성자의 주위를 마이너스 전하의 전

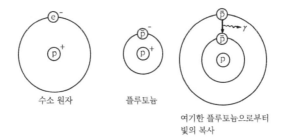

수소 원자 플루토늄

여기한 플루토늄으로부터
빛의 복사

수소원자와 플루토늄

자가 회전하고 있다. 플루토늄은 전자를 반양성자로 치환한 것
이다.

보통의 원자에서는 전자의 궤도 반지름이 1억 분의 1㎝(10^{-8}
㎝) 정도인데, 플루토늄의 궤도 반지름은 그 1,000분의 1이다.
이것은 전자와 반양성자의 질량 차에서 유래되는 것이다. 처음
에 바깥쪽의 회전 궤도에 포획된 반양성자는 광자를 방출하면
서 보다 안쪽의 저에너지 궤도로 천이(遷移)한다. 안쪽 궤도로
떨어져서 양성자와의 거리가 가까워지면 거기서 비로소 소멸이
일어나는 것이다. 반양성자가 특정 회전 궤도에 있을 때, 그 반
양성자는 일정한 에너지를 갖는다. 따라서 반양성자가 바깥쪽
궤도로부터 안쪽 궤도로 옮겨 갈 때는 두 궤도의 에너지 차에
해당하는 에너지를 가진 광자가 방출된다. 물론 천이하는 궤도
가 다르면 광자의 에너지도 다르다. 방출 광자는 적외선으로부
터 저에너지의 X선 영역까지 넓은 영역에 분포한다. 이 중에서
광학 영역에 있는 광자는 대기층의 흡수가 없고 천체 망원경으
로 관측할 수 있다.

감마선 천문학의 방법과 비교하면 광학적 방법에는 두 가지

이점이 있다. 하나는 지상 관측이 가능한 점이다. 또 하나는 천체 망원경의 대형화와 장시간의 노출에 의하여 감도가 높은 측정이 실현될 수 있는 점이다. 더욱이 천체 망원경의 지향성에 의하여 발생원의 위치를 추정할 수 있다.

반양성자와 양성자를 양전자와 전자로 치환한 것이 포지트로늄이다. 양전자와 전자는 서로 반대 부호의 전하를 갖기 때문에 전자기력에 의하여 서로 잡아당겨 원자 상태를 만든다. 이 경우도 에너지가 높은 궤도로부터 낮은 궤도로의 천이가 일어나며 광자가 발생한다. 광자의 에너지는 보통의 수소원자—양자 주위를 전자가 회전하고 있는—것의 약 절반이다.

소멸 반응과는 별도로 별 내부에서는 열핵반응이 진행되고 있다. 태양 내부에서는 2개의 수소(H^1)가 결합하여 중수소(D^2)와 양전자(e^+) 및 뉴트리노(ν_e)가 발생한다. 즉

$$H^1 + H^1 \rightarrow D^2 + e^+ + \nu_e$$

1㎠의 지표에 매초 약 1000억 개(10^{11})의 뉴트리노가 쏟아지고 있다.

별이 뉴트리노를 발생한다고 하면, 반성(反星)은 반뉴트리노를 방출할 것이다. 뉴트리노(반뉴트리노)는 약한 상호작용 밖에 갖지 않기 때문에 물질과의 상호작용이 약하고 도중을 그냥 통과하여 직접 지구에 도달한다. 별이나 반성의 중심에서 무엇이 일어나고 있느냐가 뉴트리노나 반뉴트리노와 관측으로부터 추정될 수 있다. 이와 같은 분야는 뉴트리노 천문학이라고 불리며, 근년에 급속히 발전하여 왔다.

하전 입자는 물질 속에서 빛을 발생하거나 전자를 두들겨 낸

뉴트리노의 실험 장치. 길이 20m, 1,400톤의 철을 사용하고 있다

(사진: CERN)

다. 이것을 전기 신호로 하여 검출하는 것이 고에너지 실험에 사용되는 카운터이다. 즉 입자 검출에서는 우선 '입자와 물질이 상호작용을 일으킨다'는 것이 필요하다.

그런데 뉴트리노는 물질과의 상호작용이 극도로 약하기 때문에 그 검출에는 대량의 물질을 필요로 한다. 세른의 뉴트리노 실험에서는 1,400톤의 철재가 사용되었다. 우주로부터의 고에너지, 뉴트리노를 검출할 목적으로 하와이 앞 바다의 해수 속에 대형 검출기를 설치하는 듀만드(DUMAND) 계획도 있다.

이상의 설명을 정리하면, 반물질의 존재를 확인하기 위하여 세 가지 검출 방법이 있다는 것이다. 첫째는 반물체, 반원자, 반원자핵의 직접 검출이다. 둘째는 소멸 과정에서 생성되는 고에너지 광자의 관측이다. 또 소멸 직전에 형성되는 플루토늄과 포지트로늄으로부터 발생하는 가시광도 효율적인 검출 방법이다. 셋째는 반성(反星)의 내부로부터 방출되는 반뉴트리노의 관측이다.

대기의 껍질에 감싸인 지표에서는 이래저래 불편한 일이 많다. 우주선은 대기에 의하여 산란되기 때문에 지표에도 달하지 않거나 처음의 정보를 소실하거나 한다. 그러므로 대기권 바깥으로 튀어나가면, 우리가 얻을 수 있는 정보는 비약적으로 증대할 것이 틀림없다. 오늘날 인공위성에 의하여 이 방면의 실험이 어느 정도 가능하게 되었다. 그러나 인공위성은 끊임없이 운동하고 있다. 또, 공간도 제한되어 있기 때문에 큰 장치를 설치할 수 없다. 그런 의미에서 1장에서 상상했듯이, 달의 표면에 대실험 장치를 설치한다는 것은 중요한 일이다.

다시 한 번 소립자와 우주

소립자의 세계에서는 입자와 반입자가 완전히 대등하게 나타난다. '입자와 반입자의 대칭성'은 자연이 갖는 아름다운 특성이다. 물질은 소립자의 집합체이기 때문에, 상물질과 등량의 반물질이 존재하여도 이상할 것이 없다. 그런데 이러한 예상에 반하여 현실적으로 우리 근처에서는 반물질이 발견되지 않는다.

생각해 보면 그것은 당연한 일이기도 하다. 만일 어떤 시기에 반물질이 근처에 있었다고 하더라도 물질과의 접촉으로 소멸되어 버렸기 때문이다.

반물질은 필연적으로 우리가 살고 있는 상물질의 세계로부터 멀리 떨어진 장소에만 존재할 수 있다. 여기에 반물질 탐색의 어려움이 있다.

우주 과학의 진보와 더불어 인류가 도달할 수 있는 공간은 확대한다. 월면에 처음으로 인류가 착륙한지 이미 20년이 된다. 로켓은 목성이나 토성에도 접근하게 되었다. 하지만, 150억 광년이라고 하는 우주의 너비로부터 본다면, 필경 인류의 행동 범위는 그야말로 한 점에 불과하다고 말할 수 있는 미소한 영역이다.

'손오공이 구름을 타고 며칠이나 날아다니다가 문득 정신을 차리고 보니 그것은 부처님의 손바닥 안이었다'는 이야기가 생각난다. 인류가 우주 속의 '손오공'이라는 것을 알면서도 우리는 보다 먼 지점을 향하여 비행의 날개를 계속 확대해 나갈 것이다. 그것은 보다 많은 것을 알고 싶다는 인간이 갖는 본성, 즉 지적 호기심에 뿌리를 둔 행위라 하겠다.

우리가 관측의 대상에 접근하는 데는 한계가 있다. 태양계 바깥에 있으며, 우리와 가장 가까운 항성까지의 거리조차도 23조 킬로미터(10^{19}km)이다. 빛조차도 거기에 도달하는 데는 3년의 세월이 걸린다.

그런데 다행하게도 우주에는 여러 가지 미립자와 빛이 날아다니고 있다. 그것들은 고열 상태에 있는 별의 표면이나 내부로부터 방출된 것이므로, 별의 동향에 대한 귀중한 정보를 제공한다. 우리는 이 미립자와 빛을 포착함으로서, 가만히 앉아 있으면서도 우주의 상황을 알 수 있는 것이다.

이러한 정보는 인간이 알 수 있는 공간을 넓혀주는 동시에 우주의 과거의 모습을 비쳐낸다. 지금 여기에 도달한 메시지는 이미 먼 과거의 어느 시점에 그 기점(起點)을 떠나 있었기 때문이다. 이리하여 우주의 극히 초기 시대에 물질이 어떻게 생성되었는가를 밝히고 싶다는 인류의 꿈이 조금씩 현실적인 것으로 되어가고 있다. 그러나 그렇다고 하더라도 현대의 과학 기술의 수준으로는 우리는 아직도 먼 곳에 '대칭우주(對稱宇宙)' 모형으로 생각하는 것과 같은 반물질의 세계가 존재하는지 어떤지 그 정보를 포착할 수가 없는 것이다.

'우주의 대칭성'과 관련하여 골드하버(Goldhaber)의 모형이 있다. 이것에 의하면 우주는 최초, 전체 에너지와 질량이 응축된 '유니버슨(Universon)'이었다. 그 후 '유니버슨'이 '코스몬(Cosmon)'과 '반코스몬'으로 붕괴하여 반대 방향으로 흩어져 날아갔다. 다시 '코스몬'은 입자로, '반코스몬'은 반입자로 붕괴하여 세계와 반세계가 만들어졌다.

이 모형에는 다분히 공상적인 요소가 있다. 그러나 이러한 견해가 제출된 배경에는 '대칭성의 개념이 물리학의 세계에서는 중요한 역할을 할 것이 틀림없다'는 강한 신념이 있기 때문일 것이다.

어쨌든 우주의 창성기를 설명할 때 소립자의 지식은 불가결한 것이다. 현재의 소립자 물리학은 물질이 쿼크와 경입자라고 하는 미소한 요소로써 이루어져 있다는 것을 밝히고 있다. 쿼크나 경입자를 지배하는 힘의 성질도 '통일 모형'이라는 줄거리 가운데서 이해가 깊어지고 있다.

팽창 우주 속에서 미시적인 요소로부터 거시적인 요소로의 물질의 형성이 진행되어 왔듯이, 힘 역시 진화한다고 하는 것이다. 소립자를 지배하는 세 가지 힘은 전에는 하나로 통일되어 있었고, 그것이 분화한 것이 오늘날의 '힘의 모습'이라고 생각하는 것이다. 우주의 창성기는 '물질의 생성' '힘의 기원'을 말해주는 극적인 시기이기도 하다.

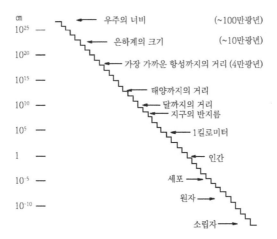

세계는 크기가 다른 계층 구조를 보여 주고 있다

현대 물리학의 대상은 최대는 우주로부터 최소는 소립자까지 놀라운 확대를 보여주고 있다. 지금 크기가 한자리수 커지면(10 배가 된다) 한 단계씩 상승하는 '스케일의 계단'을 그려본다. 소립자의 세계(10^{-13}cm)에서부터 대우주(10^{27}cm)까지 약 40층의 계단이 만들어진다. 계단의 제일 아래와 제일 상단에서는 0을 40개나 늘어놓은 것만 한 크기의 차이가 있다.

각각의 계단에는 고유의 현상이 있으며 그것을 관측하기 위한 특별한 실험 장치가 있다.

우주를 관측하는 천체 망원경이나 전파 망원경, 소립자의 세계를 관찰하는 가속기는 자연계의 두 극한을 해명하는 도구이다.

자연의 최대의 대상인 우주와 최소의 단위인 소립자가 이제야 깊은 관계를 갖기 시작했다. '스케일의 계단'의 맨 윗단의 다시 그 위에 새로운 세계가 있을 것인가? 맨 아랫단 밑에 보다 더 미소한 세계가 숨겨져 있는가? 또 맨 아랫단에서 성립되고 있는 입자와 반입자의 대칭성이 맨 윗단에서도 성립되어 있을까? 인류의 역사가 계속되는 한, 두 세계를 해명하는 노력은 결코 중단되지 않을 것이다.

서기 2100년에는 달뿐만 아니라 다른 행성이나 우주 공간에 떠 있는 천체 관측소가 건설될 지도 모른다. 이들 관측소에 설치된 최신예 관측 장치는 우주 공간의 보다 먼 곳의 정보를 포착할 수 있다. 그 때 우주 저편에 있는 매우 강력한 전파원(電波類)을 발견하게 될 지도 모른다. 그 신호의 강도를 설명하기 위하여, 세계의 과학자가 이런 저런 여러 가지 궁리를 할 것이다. 그러나 이 강력한 전파원은 반물질 소멸에 의하는 것이라고 하는 이외에는 이미 알고 있는 과정으로서는 도저히 설명할 길이 없을 것 같다.

우주에는 약 1조 개의 은하계가 있다. 그 중에서 우리 은하계 바깥의 우주 끝에 있는 은하계는 전체가 반물질로써 이루어져 있을 지도 모른다. 어쨌든 반물질 우주의 연구에는 더 많은 실험 데이터의 집적이 필요하다. 2100년에는 반물질 우주의 존재를 결정짓는 새로운 사실이 발견될까? 이 경우에는 반물질과 물질의 분리 등을 포함하여, 우주론의 사고방식에 있어 하나의 혁명이 필요하게 될 것은 분명한 일이다.

반물질의 세계

또 하나의 우주를 탐구

초판 1쇄 1995년 08월 15일
개정 1쇄 2019년 12월 23일

지은이 히로세 다치시게
옮긴이 박익수
펴낸이 손영일
펴낸곳 전파과학사
주소 서울시 서대문구 증가로 18, 204호
등록 1956. 7. 23. 등록 제10-89호
전화 (02)333-8877(8855)
FAX (02)334-8092
홈페이지 www.s-wave.co.kr
E-mail chonpa2@hanmail.net
공식블로그 http://blog.naver.com/siencia

ISBN 978-89-7044-916-6 (03420)

도서목록

현대과학신서

도서목록

BLUE BACKS